KB127594

사이디오 시그마

CYDIO CIGMA

사이디오 시그마

사이디오 시그마

CYDIO CIGMA

아시아

| 책머리에 |

사이디오 시그마의 길을 열며

CYDIO CIGMA(사이디오 시그마)란 지상에 갓 태어난 신생의 이름이다. 여섯 쌍둥이를 아우른다. **Cy**ber Education(사이버 교육), **Di**gital Bio(디지털 바이오), **O**ral Bio(오럴 바이오), **Ci**ty Bio(시티 바이오), **G**reen Bio(그린 바이오), **Ma**rine Bio(마린 바이오). 이들의 진하게 표시한 머릿글자를 조합했다. 저마다 비전이 구체적으로 원대하다. 사이버 교육은 글로벌 우수 대학, 의료기관, 연구기관, 보건기관 등과 글로벌 사이버 아카데미 클러스터를 육성한다. 디저털 바이오는 디지털 융합기술을 통해 의료 인프라를 구축하고, 오럴 바이오는 경구 제형(먹는 약)의 바이오신약과 백신을 개발하고, 시티 바이오는 클라우드에 기반한 토털 스마트 헬스케어 에코시티의 모델을 만든다. 그린 바이오는 식물생명공학 기술로 신약과 백신을 개발하고, 마린 바이오는 해양미생물 연구로 신약 후보 물질을 발굴하고 신약을 개발한다.

프롤로그는 비대면 지상좌담으로 꾸렸다. 사이디오 시그마를 실현해 나갈 장소와 사람을 대표하는 분들—이철우 경북지사, 이강덕 포항시장, 장순흥 한동대 총장, 김무환 포스텍 총장, 그리고 사이디오 시그마를 창안한 임종윤 한국바이오협회 이사장이 준비된 각종 인프라를 점검하고 앞날의 지원 방책을 논의하는 가운데 고견과 의지와 약속을 밝혀둔 자리이다.

6대 프로젝트의 개념, 현황, 비전 등을 체계적으로 정리하고 조망하는 에세이는 교수와 연구원 열한 분이 분담했다. 오럴바이오의 서귀현 박사를 제외한 열 분은 모두 포항에서 교육과 연구에 매진하고 있다. 사이버 교육은 홍원기 포스텍 교수와 김경선 포스텍 교육혁신센터 부센터장, 디지털 바이오는 백재현·이정민 한동대 교수, 시티 바이오는 안태진·김아람 한동대 교수, 그린 바이오는 황인환 포스텍 교수와 김도영 포항테크노파크 첨단바이오융합센터장, 마린 바이오는 도형기 한동대 교수와 차형준 포스텍 교수가 각각 짝을 지어 맡았다. 지구적으로 사고하고 지역적으로 행동하라는, 요즘은 거의 잊힌 금과옥조가 있지만, 모든 글에는 세계 일류에 도전하는 거사에 동참

하겠다는 필자들의 마음도 깃들어 있다.

포스코와 포스텍으로 이미 세계 일류를 성취한 유라시아대륙의 동쪽 관문에 새 터전을 마련하는 사이디오 시그마는 처음부터 글로벌 모델, 글로벌 프로토타입을 추구하고 있다. 이것이 '포스트 코로나19 시대'에 한국 바이오가 나아갈 길이다. 영일만 바다가 오대양 육대주로 뻗어나가듯 사이디오 시그마도 그러한 기상으로 승승장구해 이윽고 지구촌의 소중한 빛으로 태어날 것이며, 그때 본거지는 세계적인 바이오 클러스터로 변모해 있을 것이다.

이제 남은 일들 가운데 시간을 다루는 지혜는 매우 긴요하다. 하나의 블록버스터급 신약 개발에도 십여 년을 바쳐야 하거늘, 사이디오 시그마를 우뚝 세우는 고투에는 공동체적 의지와 인내와 응원이 얼마나 뒷받침돼야 하겠는가. 여기에는 무엇보다 동기와 비전에 대한 인식 공유와 더 나아가 공감이 요구된다. 이 책의 첫 번째 목적은 그 공감을 확장하는 데 있다. 코로나19 팬데믹의 조속한 극복을 바라마지않는 가을날, 독자 여러분이 사이디오 시그마라는 이름을 제대로 불러줌으로써 미래의 어느 날부터 그 빛깔과 향기가 인간의 영원한 소망인 건강과 안녕의 세계적 브랜드로 거듭나기를 희원할 따름이다.

비대면 지상좌담에 흔쾌히 동참해주신 분들과 각별한 정성을 기울여주신 필자들, 표지 디자인을 맡아주신 이진구 한동대 교수 그리고 성의를 바쳐 도와준 김도형 작가를 비롯해 따뜻한 관심을 보내준 모든 분께 깊은 감사를 드린다. 사이디오 시그마의 길은 멀다. 하지만 좋은 동행이 함께하는 길은 외롭지 않을 뿐더러 지치지 않는다.

2020년 가을

'사이디오 시그마' 편집위원회

차례

프롤로그-지상좌담

사이디오 시그마와 세계적인 바이오 클러스터

'겸손'의 마음과 '함께'의 정신으로

지금은 두 전쟁에서 승리해야 할 때

사이디오 시그마의 6대 비전과 포스트 코로나19 시대

필수불가결한 개척과 열린 자세

글로벌 영역의 사이버 바이오제약 교육

세계인 5,000명이 수강하는 사이버 바이오제약 교육

스위스 바젤 같은 세계적인 바이오 클러스터를 향하여

보스턴 '캔들 스퀘어'의 바이오 클러스터, 무엇을 배울 것인가

포스코와 함께 가는 '포스트 포스코'의 포항 미래

사이디오 시그마가 새로운 '빛'으로

왜, 연구중심 의대-스마트 메디컬센터인가?

사이디오 시그마, 협의체와 플랫폼부터

준비해온 바이오제약, 포항 펜타시티에서 꽃피울 것

지식 관계망도 글로벌 일류로

지금, 사이디오 시그마를 위해 무엇을 할 것인가?

사이디오 시그마와 세계적인 바이오 클러스터

이철우 경상북도 지사
장순흥 한동대학교 총장
이강덕 포항시장
김무환 포스텍 총장
임종윤 (사)한국바이오협회 이사장
이대환 작가, 사회

'겸손'의 마음과 '함께'의 정신으로

이대환 안녕하십니까? 시절이 워낙 수상하여 비대면 방식

* 이 지상좌담은 2020년 9월 21일 마무리되었음을 밝혀둔다.

으로 지상좌담을 꾸리게 됩니다. 코로나19 팬데믹 한복판에서 어느 인문학자는 AD(Anno Domini) 원년이 있는 것처럼 인류 역사가 2020년을 AC(Anno Covid) 원년으로 기록할지 모른다고 했더군요. '포스트 코로나19 시대'를 대비하는 시대적 맥락과 깊이 관련된 일이기도 합니다만, 한국 바이오가 나아갈 길로서 '사이디오 시그마'를 중심에 놓고 그 실현의 조건과 방안을 논의해 보는 우리의 이 대화도 AC를 상상하게 만드는 현실에 대한 소회로부터 시작할 수밖에 없을 듯합니다.

장순흥 과학기술이 가야 할 방향을 다시 숙고하게 만듭니다. 그동안 과학기술이 많이 발전되었다고 생각했는데, 이번 바이러스 하나의 사건을 바라보면서 아직도 크게 멀었구나, 인간의 능력이 참으로 제한적이구나, 하는 사실을 새삼 깨닫게 되고, 인간이 겸손해야 되겠다는 것을 깊이 새겨보게 됩니다. 여전히 인간은 아는 것보다 모르는 게 너무 많습니다. 정말 겸손하게 새로이 과학을 탐구하는 방향으로 나아가야 하겠습니다. 코로나19 이후 앞으로의 세계는 오늘의 세계와는 여러 측면에서 달라질 것입니다. 일례를 들면, 지금 벌써 비대면 방식이 우리의 일상 깊숙이 아주 중요하게 들어와 있잖아요? 우리

"사이디오 시그마의 그랜드 비전은 우리나라 바이오 기업들의 목표를 넘어 지방도시의 새로운 발전 모델을 제시했다는 점에서 큰 의미가 있다고 생각합니다. 그 비전은 포항과 경북의 새로운 돌파구이자 대한민국의 새로운 모델을 세우는 계기가 될 것입니다. 경상북도는 포항시와 함께 사이디오 시그마에 담긴 비전이 '꿈이 아닌 현실'이 되도록 최선의 지원을 다하겠습니다."

이철우 경상북도 지사

의 의식주, 라이프 스타일에 일찍이 경험하지 못하고 상상하기 어려웠던 변화가 초래되겠죠. 그것을 새로운 합리성으로 만들어나가긴 할 테지만, 무엇보다도 세상을 바라보는 인간의 마음이 정말 겸손해지는 계기가 되었으면 좋겠습니다.

김무환 인간의 겸손을 지적하셨는데, 코로나19는 오히려 인류가 잊고 있었던 기본을 일깨우는 자극이 되었다는 생각을 합니다. '겸손'과 '함께(go together)'는 바로 '기본'입니다. 2020년 1월까지만 해도 우리는 4차 산업혁명과 미래세계를 논의했

"미래의 가장 핵심적인 성장 동력이 무엇인가. 이런 질문을 받는 경우에는 가장 먼저 첨단 바이오제약산업을 말하게 됩니다. 포항에는 좋은 인프라가 있고, 좋은 인재들도 있습니다. 포항은 첨단 바이오제약 도시로 나아가야 합니다. 이건 필수죠. 여기에 사이디오 시그마가 새로운 비전으로 등장했어요, 첨단적이고 참신하면서 융합적인 겁니다."

장순흥 한동대학교 총장

고, 핵무기 확산과 인공지능의 역습을 걱정했습니다. 그러던 어느 날 갑자기 숙주 없이는 살아가지도 못하는 바이러스 때문에 인류가 넉다운 돼서 모든 국가들이 자구책을 찾느라 '우리는 하나'를 버리고 '각자도생'에 골몰하게 됐습니다. 이러한 세계의 모습을 지켜보면서 큰 위기의식을 느꼈습니다. 코로나19 이후에도 세계적 재난이나 팬데믹은 다시 닥쳐올 수 있는데, 그때마다 국경을 닫고 각자도생에 나서야 할까요? 코로나19 이후의 사회는 현재보다 상상 이상으로 달라지겠지만, 근본적으로 우리가 가야 할 기본 방향은 '함께'입니다. 나날이 확인하

이강덕 포항시장

“사이디오 시그마는 세계적 시각, 장기적 관점, 지역사회의 비전 공유와 협업 네트워크, 중앙정부의 협력과 지원이 필요한 거대 과제입니다. 경북 포항은 협력할 준비가 충분히 돼 있습니다. 한국 바이오의 미래에 ‘룰을 만드는 선도자’의 지위를 부여해줄 것이고, 포항이 세계적인 바이오 클러스터로 성장할 수 있는 전기를 마련해줄 것입니다.”

는 일이지만 단일 기관, 단일 국가로는 앞으로 인류가 만나게 될 여러 위기를 극복하기 어려울 겁니다.

지금은 두 전쟁에서 승리해야 할 때

이대환 과학기술에 삶을 바친 두 분의 간략한 소회를 먼저 들어봤습니다. 2020년 상반기에 경북 지역은 코로나19와 전면전을 벌인 끝에 피해를 최소화하면서 결국 승전을 거두었고,

“포항은 바젤과 비견할 인프라를 갖추고 있습니다. 가장 중요한 점은 사이디오 시그마가 포항에서 구상하고 있는 ‘무공해 무결점 바이오 환경을 통해 일생을 관리하는 프로토타입 시티’라는 내용을 충실하게 구현하는 데 필요한 혁신적 기술을 확보하는 것이고, 가장 시급한 일은 협의체 구성과 플랫폼 구축입니다.”

김무환 포스텍 총장

하반기에 들어서는 바이러스가 게릴라처럼 출몰하는 중입니다. 지방정부의 두 분 수장께서는 여전히 지휘관의 자리를 지켜야 합니다. 그리고 또 한 분은 백신과 치료제라는 결정적 승리의 무기를 개발해야 하는 자리에 있습니다.

이철우 경상북도의 경우 2월 19일 첫 확진자가 발생했지요. 그때부터 전면전이라고 표현할 수밖에 없는 초유의 비상사태에 돌입하게 되었습니다. 대구가 최악의 상황으로 치달았으니 그만큼 경북의 긴장과 위기도 고조되었습니다. 물론 가을에 접

사진제공 아시아경제

임종윤 **한국바이오협회 이사장**

"아무도 하지 않은 일을 하겠다는 것입니다. 게임의 룰을 만드는 선도자가 되겠다는 것입니다. first-in-class에 올라서면 새로운 룰을 만들게 됩니다. 이게 사이디오 시그마의 동기이고 비전입니다. 혁신이 없다면 성장은 멈춥니다. 이 진리를 알고 있으면서도 도전하지 않고 숨는 자는 비겁한 겁쟁이로 낙인됩니다."

어든 지금도 긴장을 늦출 수 없는 상황이지요. 사실 우리는 두 가지 전쟁에서 이겨야 합니다. 하나는 코로나19를 완전히 극복하는 것이고, 또 하나는 위기에 빠진 민생경제와 지역경제에 새로운 활력을 불어넣는 것입니다. 경상북도는 코로나19로부터 도민들을 지키는 데 총력을 기울이는 한편, 코로나19가 불러온 비대면 확산과 디지털 가속화라는 대세 속에서 대면 산업을 비대면 산업으로 바꿔나가고 미래를 준비하는 신산업 육성에 집중하고 있습니다. 신산업은 블록체인, 빅데이터, 인공지능, 바이오제약, 이차전지 등이지요. 특히 바이오제약산업은

"제약강국, 신약강국이라는 거울에 '사이디오 시그마'를 비춰봅니다. 세계적인 바이오 클러스터의 웅대한 꿈을 간직하고 사이디오 시그마에 도전하는 길에는 피할 수 없는 벅찬 고개들도 기다리고 있겠지만 마침내 지역사회를 넘어 한국사회의 축복으로 활짝 피어나고 지구촌의 새로운 빛이 되기를 바랍니다."

이대환 작가, 사회

미래 블루오션 산업입니다. 글로벌 신약시장은 1,500조 규모잖아요? 앞으로는 바이오제약산업이 3대 수출산업인 반도체, 화학, 자동차산업보다 더 커질 전망입니다. 이러한 시기에 한국 바이오의 글로벌 도약 기지로 경북 포항이 주목 받습니다. 위기가 곧 기회다, 이 말은 진리입니다. 위기를 기회로 창조할 우리의 전략적 방향과 일치합니다. 경상북도는 현재의 위기상황을 산업구조 변혁의 중대한 기회로 삼아, 바이오제약산업을 비롯한 신성장 산업에 대한 투자와 유치를 더 적극적으로 펼치고 글로벌 밸류체인 변화에 선도적으로 대응해 나갈 것입니다.

이강덕 지사님 말씀처럼 우리는 두 가지 전쟁에서 승리해야 합니다. 전국 어디서든 포항 어디서든 잔불처럼 되살아날 수 있는 코로나19를 이겨내야 하고, 경제적 위기를 극복해야 합니다. 세계적으로 보면 어느 한쪽도 만만한 상대가 아닙니다. 지구촌 곳곳에 코로나19가 창궐하는 가운데 경제지표도 고통의 지표를 보여줍니다. 경제성장률 하나만 봐도, 2020년 2분기 경제성장률이 미국은 -32.9퍼센트, 프랑스 -13.8퍼센트 등 OECD국가 평균이 -9.6퍼센트를 기록했습니다. 2009년 리먼 브라더스 파산이 초래했던 금융위기 때보다 실물경제가 더 큰 타격을 입고 있습니다. 전 세계가 국경을 폐쇄하면서 그 여파로 생산과 물류의 엄청난 차질이 장기화되자 해외 생산기지를 본국으로 회귀하는 리쇼어링 현상도 나타나고 있습니다. 그러나 가장 중요한 것은 역시 위기 속에서 기회를 찾고 그것을 새로운 도약의 계기로 만드는 지혜와 용기, 그리고 자신감과 결단이라고 생각합니다. 포항시는 시류에 편승하지 않고 우리가 '잘할 수 있는 분야'에 대한 선택과 집중의 전략으로 나아갈 것입니다. 도정과 시정은 항상 유기적으로 맞물려 돌아갑니다. 경상북도가 현재의 위기상황을 산업구조 변혁의 중대한 기회로 삼는 것처럼, 포항시 역시 바이오제약산업, 이차전지, 인공지능 등 신성장 산업에 대한 투자를 과감하게 늘리면서 관련 기업을 유치하는 등 글로벌 밸류체인 변화에 적극적으로 대응해 나갈 것입니다. 특히 바이오와 토털 헬스케어산업은 모든 전문가들이 급속 성장을 예상하고 있습니다. 이러한 시기에 포항에 글로벌 도약의 전진기지를 구축해야 한다고 전략적으로 판단한 일은 도약을 준비하는 한국 바이오 기업들이 글로벌 리더의 수준으로 발돋움할 수 있는 최적의 호기라고 생각합니다. 포항시는 지역의 대학, 연구소에 대한 투자를 확대하여 지역의 모든 바이오벤처기업들이 동반성장할 수 있는 발판을 마련할 것입니다.

임종윤 지사님, 시장님의 격려와 결의에 진심으로 감사를 드립니다. 두 분 총장님의 '겸손'과 '함께'는 마치 거대한 홍수와 같은 코로나19 팬데믹 한가운데서 보트에 몸을 맡기고 있는 인간이 다시 챙겨야 하는 두 개의 노와 같다고 생각합니다. 현재 상황에서 발생한 하나의 특이성은 바이오제약이 세계 뉴스의 주인공으로 세계인의 이목을 끌고 있는 일입니다. 물론 그것은 언제 어디서 어느 바이오제약 기업이 '진짜 백신과 치료제'를 개발하느냐, 이 경쟁과 시합에 내모는 뉴스입니다. 그

경기장에서 뛰고 있는 선수의 한 사람으로서 무거운 책임감을 짊어지고 도전의지를 불태우고 있습니다. 우리 국민 모두가 기대하고 계신 것처럼 한국의 바이오제약 기업이 진짜로 안정적인 백신과 치료제를 선도적으로 개발하게 된다면 얼마나 기쁘고 반갑겠습니까? 지금 이 시간에도 수많은 연구원들이 그것을 위해 최선을 바치고 있다는 말씀을 드리고, 그분들께도 경의를 표합니다. '함께'의 전제조건은 '겸손'일 것입니다. 겸손 없이는 함께도 없으니까요. 그런데 아이러니하게도 코로나19 바이러스가 인간에게 그 두 가지 가치를 다시 소중하게 만들고 있습니다. 미국 하버드대와 MIT를 주축으로 약 30개 대학이 힘을 합쳐 코로나19 관련 기술을 무료로 바이오제약 기업들에게 이전해주고, 기업들은 상용화 약품을 개발하기 위해 속도전에 나서는 새로운 기술이전 시스템이 생겨났는데, 우리나라에서도 산-학-연-관이 손을 맞잡고 백신과 치료제 개발에 열중하고 있습니다. 겸손과 함께의 좋은 모델이라고 생각합니다. 조금 다른 관점입니다만, 코로나19 팬데믹은 국가의 보건의료 시스템이 과학기술을 토대로 삼을 수밖에 없다는 사실을 역설적으로 드러내줬는데, 이때 과학기술은 특히 바이오제약, 의료, IT기술의 융합을 가리키는 것이고, 한국 바이오의 미래를 위해 포항에서 제시한 사이디오 시그마의 기반도 그 융합입니다.

사이디오 시그마의 6대 비전과 포스트 코로나19 시대

이대환 사이디오 시그마는 사이버 에듀케이션, 디지털 바이오, 오럴 바이오, 시티 바이오, 그린 바이오, 마린 바이오, 이 여섯 분야를 아우르는 이름입니다. 각 분야의 개념, 현황, 비전에 대해서는 전문가들이 이 책에서 체계적으로 살펴주기 때문에 여기서 더 다루지는 않도록 하겠습니다. 사이디오 시그마는 코로나19 이전부터 구상해온 거시적 글로벌 미래전략을 팬데믹 속에서 더 정교하게 가다듬어 처음 세상에 내놓은 것으로 알고 있습니다. 발상하고 구체화하고 작명한 장본인의 목소리로 그 의미, 그 가치를 한국 바이오의 길이라는 큰 틀에서 한번 짚어주면 좋겠습니다.

임종윤 아무도 하지 않은 일을 하겠다는 것입니다. 게임의 룰을 만드는 선도자가 되겠다는 것입니다. first-in-class에 올라서면 새로운 룰을 만들게 됩니다. 이게 사이디오 시그마의 동기이고 비전이며, 포스트 코로나19 시대를 대비하는 약속입니다. 이 패러다임을 연구하고 실현하기 위해서는 무엇보다 '함께'하는 사람들과 조직들이 동기와 비전부터 공유하는 것이 중요합니다. 신약특허와 신기술 개발뿐만 아니라 토털 헬스케어, 새로운 형태의 바이오제약 글로벌 교육, 의약품에 의한 단순 치료를 넘어 병의 근원에 대한 연구, 환자별 맞춤형 투약치료 개발은 포스트 코로나19 시대의 글로벌 리더가 되기 위한 중대 과제입니다. 새로운 과제에는 도전과 혁신이 요구됩니다. 기존의 틀은 그 장점을 더 강화해 나가는 한편, 기존의 틀에서 벗어난 혁신에 나서야 합니다. 국내외의 특출한 스타트업 기업과 함께 혁신 사업을 창출하고, 세계 각국의 우수 대학, 의료기관, 연구기관, 보건기관과 든든한 네트워크도 형성해야 합니다. 혁신이 없다면 성장은 멈춥니다. 이 진리를 알고 있으면서도 도전하지 않고 숨는 자는 비겁한 겁쟁이로 낙인됩니다.

장순흥 젊은 리더의 참신한 비전과 혁신적 도전의지를 확인하게 되는군요. 좋습니다. 이번에 한국 바이오의 미래를 위해 포항에 새 기지를 구축하겠다고 공표하면서 우리 사회에 내놓은 뉴비전이 사이디오 시그마인데, 다 중요한 단어인 것 같아요. 중요한 것들을 잘 융합했다고 생각합니다. 동기와 비전을 공유하기 위한 방안의 하나로 이 책을 기획한 것도 남다른 아이디어라고 봅니다. 비대면 세계에서는 새로운 형태의 사이버 교육체계를 만들 수밖에 없는데 우리가 그 모델을 만들어 봐야지요. 앞으로는 인간의 유전자 분석이든 토털 헬스케어든 감염병 대응체계든 원격 진료든 빅데이터, 인공지능 같은 디지털 측면이 더 중요해지게 됩니다. 이것을 사이디오 시그마는 디지털 바이오, 시티 바이오로 표현했군요. 또한 약 중에서는 가장 편한 약이 경구용인데 우리가 좀더 약을 편하게 섭취할 수 있게 해주는 오럴 바이오도 의미가 있는 것 같습니다. 그린 바이오, 마린 바이오는 새로이 각광을 받고 있는 분야입니다. 그린 바이오는 국내에서 포항이 선도적이고, 또 포항은 바다를 끼고 있고 부산에서 울진까지만 훑어보아도 해양 관련 연구소들이 있어서 마린 바이오의 네트워크에도 유리한 장소죠. 사이디오 시그마 자료를 살펴보면서 바이오의 중요성, 무엇보다도 생명의 중요성을 새삼 깨달았습니다. 우리의 생명과 관련된 그 여섯 분야의 방향을 융합적으로 잘 제시했다고 생각합니다.

이철우 남들이 하지 않는 것을 해야 한다, 이게 혁신가의 정신이고 스타일이지요. 또 진정한 기업가정신이기도 합니다. 사이디오 시그마에서 그 맥을 강하게 느낍니다. 덩치 큰 공룡이 멸종한 것은 힘이 없어서가 아니라 급변하는 환경에 적응하지 못했기 때문이라고 하잖아요? 변화와 혁신은 생존의 필수조건이기도 합니다. 영원할 것 같았던 거대제국도 굴지의 슈퍼기업도 변화와 혁신에 뒤처지면 도태되기 마련인데, 대다수 전문가들은 코로나19 이전과 이후의 세계는 전혀 다른 환경이 펼쳐질 것으로 전망하고 있습니다. 수많은 기업과 국가의 명암이 엇갈릴 것입니다. 지금 우리는 어떻게 준비하고 대응하느냐에 따라 도약할 수도 있고 추락할 수도 있는 갈림길에 서 있는 셈입니다. 경상북도가 미래 신산업 육성을 위해 R&D 분야에 많은 예산을 투입하는 가운데, 특히 바이오 오픈 이노베이션센터(BOIC), 식물백신기업지원시설, 세포막단백질연구소 등 바이오산업 기반조성에 많은 공을 들이고 있는 것도 제때 제대로 준비해서 경쟁에 앞서나가겠다는 겁니다. 변화와 혁신에서 한 발 앞서 가고 있는 사이디오 시그마의 6대 비전은 정부가 포스트코로나를 대비해 제시한 '한국판 뉴딜'에 맞닿은 측면도 있어 보이는데, 대한민국 바이오산업의 선도 지역으로 우뚝 서겠다는 경북으로서는 그 의미가 특별해 보입니다. 경상북도와 포항시는 미래 먹거리산업으로 바이오산업을 전략적으로 육성하기 위해 다양한 사업을 진행해 왔지만, 산업화의 역량이 부족한 것도 사실인데, 사이디오 시그마의 뉴비전과 함께 세계적인 바이오 클러스터로 성장할 수 있겠다는 확신과 기대를 가지게 되었습니다. 그리고 우리는 사이디오 시그마를 거시적 글로벌 관점에서 접근하면서 경상북도, 포항시, 포스텍, 한동대 등 지역사회가 함께 이뤄나가야 하는 과제이고 중앙정부의 협력이 반드시 필요한 과제라는 인식을 공유해야 합니다.

이강덕　　포항시도 미래 신산업 육성을 위해 바이오 등 R&D 분야에 많은 예산을 투입하고 있습니다. 새로운 6대 비전을 담은 사이디오 시그마는 지사님께서 말씀하신 대로 세계적 시각, 장기적 관점, 지역사회의 비전 공유와 협업 네트워크, 중앙정부의 협력과 지원 등이 두루 필요한 거대 과제입니다. 사이디오 시그마를 구상할 때는 오픈 이노베이션(Open Innovation)을 염두에 두지 않았나 하는 생각이 듭니다. 사이버교육은 경북과 포항뿐만 아니라 K-바이오제약을 넘어 글로벌 바이오제약교육을 향한 거대한 그림입니다. 지역사회의 역량부터 결집해야 할 것입니다. 디지털 바이오, 시티 바이오에는 지역 거점의 병원, 약국, 보건소 등 지역보건의료기관의 협력이 필요합니다. 경북 포항은 협력할 준비가 충분히 돼 있습니다. 사이디오 시그마는 한국 바이오의 미래에 '룰을 만드는 선도자'의 지위를 부여해줄 것이고, 포항이 세계적인 바이오 클러스터로 성장할 수 있는 전기를 마련해줄 것입니다. 그 의미, 그 가치의 실현을 위한 정신적 기반은 말씀해주신 '겸손'과 '함께'라고 생각합니다.

필수불가결한 개척과 열린 자세

김무환 코로나19 이전의 세상은 더 이상 돌아오지 않습니다. 지금은 사방이 어두운 상태입니다. 그러나 어둠 속에 머물러 있을 수는 없습니다. 정부가 한국판 뉴딜 정책을 들고 나온 것도 같은 의미일 겁니다. 코로나19를 극복하는 와중에 대공황이 덮쳐올지도 모르니 미리 대비를 해야 하잖아요? 그런데 뉴딜, 하면 많은 분들이 루스벨트와 경제부양책만을 얼른 떠올릴 텐데, 실제로 뉴딜에서 가장 중요했던 것은 '잊혀진 사람(the Forgotten Man)'을 위한 정책입니다. 가난과 불안에 떠는

취약계층의 구제를 위한 정책이었다는 뜻이지요. 포스트 코로나 시대를 위한 미래전략에서도 바로 그런 맥락을 담보하는 것이 중요하다고 생각합니다. 무엇을 위한 전략인가. 지금 여기서 우리가 해야 하는 일은 사회와 국가, 나아가 인류의 발전을 위해 '잊혀진 사람'에서 더 확장하여 '필수불가결한 분야'를 발굴하고 발전시켜 나가야 하는 것입니다. 사이디오 시그마는 포스트 코로나 시대를 준비함에 있어, 의료와 환경문제를 4차 산업과 연결해 돌파구를 찾는 한편, 인류를 위해 이상적이며 건강한 삶의 터전을 구축하려는 새롭고 바람직한 비전으로 보입니다. 한국판 뉴딜과도 일정하게 방향성을 같이하고 있지요. 특히 사이버 교육과 보건의료 분야의 혁신은 앞으로 닥쳐올 수 있는 미래의 여러 위기에 대응하기 위한 필수불가결한 준비라고 생각합니다.

이대환 미래를 위해 필수불가결한 일을 누군가는 반드시 해야 하는데 아무도 하려고 하지 않는 그때 떨쳐나서는 이를 개척자, 선구자라고 부릅니다. 흔히 그는 고독하게 출발하기 마련인데, 이 대화를 통해 든든한 동행을 확인하게 됩니다. 오픈 이노베이션이란 말도 나왔습니다. 오픈 이노베이션은 2003년 미국 버컬리대 헨리 체스브로 교수가 작명한 것인데, 그때부터 여러 분야에서 '오픈 이노베이션'이 유행어처럼 회자되었습니다. 우리의 군대생활에서는 '통신보안'이란 말이 입에 익어야 했고 연구소나 기업체에서는 '기술보안'이 생활의 철칙처럼 강조되었던 조직문화에 그것은 제법 큰 충격이기도 했습니다. 그러나 반드시 해야 하는 일이 이뤄지는 과정에 '오픈'은 필수불가결한 것 같습니다.

이강덕 사이디오 시그마도 우리에게 '오픈'을 요구합니다. 열린 마음, 열린 자세로 함께해야 원대한 비전을 실현하는 길을 열어갈 수 있겠지요.

글로벌 영역의 사이버 바이오제약 교육

이대환 사이디오 시그마의 첫 번째가 사이버 교육이라는 점에 주목하지 않을 수 없습니다. 한국 바이오가 세계적 리더로 도약할 큰 그림에 글로벌 사이버 교육을 설계한 것은 아주 이채로운 일입니다. 사이디오 시그마는 글로벌 바이오·메디컬 선두 대학과의 협력을 통한 사이버 산학협력 아카데미를 출범시키고, 글로벌 자매대학과 사이버 교육과정 개설에 협력하는 구상입니다. 이를 위해 지난해 11월부터 글로벌 바이오제약 인재 양성을 위해 포스텍, 경상북도, 포항시와 업무협의를 진행하는 가운데 최근에는 한동대와도 논의를 이어가고 있습니다.

장순흥 앞으로 사이버 교육은 정말 중요하죠. 교육의 새로운 축이 될 거예요. 이것은 코로나 사태가 끝나건 안 끝나건 마찬가지일 겁니다. 끝난다 해도 사이버 교육의 중요성은 아무리 강조해도 지나침이 없다고 봅니다. 왜냐면 사이버 교육은 다양한 교육, 맞춤형 교육을 할 수 있고, 또 교육의 범위를 훨씬 더 글로벌한 영역으로 확장할 수 있어요. 사이디오 시그마의 바이오제약 전문 사이버 교육 아이디어는 기본적으로 사이버 교육의 장점들을 잘 활용하려는 것 같아요. 방금 말씀드린 대로 저는 코로나와 상관없이 사이버 교육은 무척 중요하고 이를 위해 우리가 많은 노력을 기울여야 한다는 점을 거듭 강조하면서, 특별히 두 가지를 주목하고 싶습니다. 하나는 맞춤형 교육이고, 또 하나는 교육을 글로벌 영역으로 확장하는 것입니다. 그동안 교육은 수요자가 원하는 무엇에 맞추는 게 아니라 그

냥 일정한 수준과 내용으로 진행되었지만, 앞으로 교육은 수요자가 원하는 교육, 또 원하는 것을 충족시켜주는 교육이 되어야 합니다. 이 맞춤형 교육에 유연하게 대응할 수 있는 교육 방법이 사이버 교육이고, 이게 사이버 교육의 큰 장점이라고 생각합니다. 사이버 교육에서 두 번째로 중요한 것은 지역과 국경을 초월해서 정말 많은 사람들에게 교육을 할 수 있다는 사실입니다. 지구촌이라고 말하는데 그야말로 지구촌 범위의 글로벌 교육을 가능하게 해주는 것이 사이버 교육이지요. 강의를 듣는 사람이나 강의를 하는 사람이나 서로 편안하게 할 수 있는 맞춤형, 지구촌 어디와도 연결될 수 있다는 무한한 확장성, 이게 제일 중요하지요. 우리가 사이버 교육의 중요성을 깨닫고 방향성을 잘 잡아야 합니다. 교육에는 이미 사이버 교육이 혁명적인 변화를 일으키고 있는데 이럴 때 무엇보다 중요한 것은 우리의 인식과 자세입니다. 수동적으로 바라보는 태도가 아니라, 능동적으로 이니셔티브를 쥐고 적극적으로 노력하고 투자해야 합니다. 이 능동성, 이 적극성을 사이디오 시그마의 '사이버 에듀케이션'이 잘 반영하고 있다고 생각합니다.

김무환 장 총장님 말씀처럼 코로나가 아니어도 사이버 교육은 새로운 교육 시스템으로 정착될 수밖에 없습니다. 디지털 원주민으로도 불리는 Z세대는 인터넷 문화에 아주 익숙하다는 것이 그 엄청난 수요라고 할 수 있겠지요. 우리나라 대학들이 전통적인 강의실 교육을 고집하기보다는 좀더 선도적으로 언택트 시대에 걸맞은 온라인 교육방식을 다양하게 개발할 필요가 있었다는 아쉬움을 느낍니다. 미국 대학과 같은 방향을 선택할 수도 있었겠지요. MOOC강의 공유, 공동강의 제작, 대학 시설물 공동 사용 등 갑작스러운 언택트 상황에서도 교육의 질을 제고할 수 있는 방안을 미리 마련해둘 수 있었을 겁니다. 대학들이 좀더 일찍부터 민첩하게 대응하면서 서로 손을 잡았더라면 분명히 교육의 상황은 지금보다 좋을 거라고 생각합니다. 이 점이 가장 아쉽습니다. 그런데 대학교육은 강의가 30퍼센트라면 토론과 팀별 공동 프로젝트 수행이 70퍼센트를 차지합니다. 온라인으로 수업이 진행된다고 하더라도 그것은 놓쳐서는 안 될 중요한 부분입니다. 학생들은 토론과 공동 프로젝트를 통해 교수와 상호작용을 할 수 있고, 능동적으로 커뮤니케이션하는 법을 배울 수 있기 때문입니다. 학생들이 경험과 학업성취를 모두 추구할 수 있는 방법이지요. 이 문제를 어떻게 극복하느냐가 관건의 하나인데, 포스텍은 실험수업도 언택트로 수행할 수 있는 방안을 개발하고 있습니다. VR(가상현실), AR(증강현실), MR(혼합현실)을 활용해 온라인으로 실제 실험실과 거의 동일한 경험을 하도록 하는 것이지요. AR헤드셋을 이용해 상호작용할 수 있는 강의는 내년 1학기부터 바로 시범적으로 운영될 예정입니다.

이강덕 누구나 인정할 수밖에 없듯이 코로나19 팬데믹은 비대면 교육, 즉 사이버 교육을 교육의 비상구로 만드는가 싶더니 아예 새로운 교육 시스템으로 굳혀가고 있습니다. 하지만 사이버 교육은 중요한 과제와 당면하고 있습니다. 그것은 기존 대면 교육의 질을 뛰어넘어야 한다는 것이지요. 해결책으로서 맞춤형 교육이나 기존의 실험실습을 대체할 사이버 방안이 제안되고 있는데, 우리 지역의 각급 학교들이 지역 대학과 연계해서 비대면 교육의 질적인 한계를 해소해 나가야 하겠습니다.

세계인 5,000명이 수강하는 사이버 바이오제약 교육

임종윤 이제 캠퍼스는 되돌리기 어렵도록 온라인화 돼가고 있습니다. 1990년대부터 만들어진 IT기술 기반의 정보 생태계가 표준화 양상을 보여주는 가운데 정보를 바탕으로 삼은 혁신적 교육의 틀이 필요하다고 생각합니다. 바이오제약이나 의료를 포함한 많은 산업의 영역에서 사이버 교육의 틀이 출현할 것입니다. 이러한 대세를 예측한다면 당연히 선도적으로 사이버 교육의 새로운 틀을 만들어야 하지 않겠습니까? 사이디오 시그마의 '사이버 에듀케이션'은 그것을 추구하고 실현하려는 비전입니다. 바이오제약이 필요로 하는 모든 분야에 충실히 대응해주는 맞춤형 교육을 설계할 수 있을 것이고, 또 당연히 세계 유수의 대학, 연구소, 메디컬, 바이오벤처, 제약기업 등과 네트워크를 구성해 수준 높고 다양한 강의 콘텐츠를 마련함으로써 수요자가, 학생이 선택할 수 있도록 해주는 겁니다. 우리나라를 포함해 지구촌 어느 곳에서든 바이오제약에 종사하고 있거나 그쪽에서 일하려는 세계인 5,000여 명이 포항의 어느 플랫폼을 통해 석사 과정을 학습하는 학생으로 등록할 수 있습니다. 그 숫자는 얼마든지 조정할 수 있겠지요. 10,000명도 좋습니다. 실험실습이 요구되는 학습은 요즘 포스텍에서 개발하고 있는 방안을 적용할 수 있지 않을까 합니다. 이 경우에 인생을 배우고 가르치는 공간으로서 캠퍼스 교육의 역할을 어떻게 어느 수준으로 최대한 접목시키느냐 하는 과제는 남게 될 겁니다. 다만 모든 과제란 예측해서 미리 해결하는 것도 있고 짊어지고 가면서 해결하는 것도 있으니, 지금은 그 점을 지나치게 염려할 때가 아닌 듯합니다.

이대환 교육의 본질에 대한 고민이군요, 놓칠 수 없는 부분이지요. 코로나19 팬데믹은 디지털 융합기술이 전통의 물리적 공간을 새로운 사이버 공간으로 대체하는 변화를 주마가편처럼 가속화하고 있는 가운데 글로벌 사이버 교육 시스템을 주목하게 만듭니다. 그런데 저는 대한민국의 '규제'부터 염려하게 됩니다. 음악에도 교육이나 산업의 발목을 잡는 어떤 규제가 존재하고 있다면 BTS가, 방탄소년단이 저토록 세계적인 각광을 받을 수 있을까요? 기존 우리나라의 사이버대학과는 분명히 다른 혁신인데, 혹시 우리가 모르는 모종의 규제가 발목을 잡지 않나, 문득 이런 염려가 생겨납니다.

이철우 시대적 환경을 거스르고 미래의 행복과 번영을 가로막는 규제는 정부가 과감하게 풀어야지요. '샌드박스'라는 것도 있지 않습니까? 설령 무언가 튀어 나온다 해도 지혜를 모아서 잘 해결할 수 있을 겁니다. 코로나19는 교육환경에도 엄청난 변화를 일으키고 있습니다. 각급 학교가 온라인 수업을 진행합니다. 비대면 교육이 포스트 코로나 시대의 뉴노멀로 자리잡을 것이라는 확실한 전조가 아닌가 합니다. 저도 사이버 교육의 가치와 수요는 앞으로 더욱 높아질 것이라고 생각합니다. 학교 교육에서 시작하였지만 정부기관, 기업 등 전반으로 확산될 겁니다. 더욱이 4차 산업혁명이 본격화하면 고용구조, 업무방식, 인재상 등 사회 변화에 대응하기 위한 교육산업 혁신이 매우 중시되겠지요. 경북이 대구와 함께 '대경혁신인재양성프로젝트'를 추진하는 것도 대구경북의 미래 신산업을 이끌어나갈 혁신인재를 양성하겠다는 목적이고 목표지요. 전국 최초로 지방정부가 주도하고 기업, 대학, 연구기관이 참여해서 로봇, 바이오, 의료, ICT 등 기업이 원하는 혁신인재를 함께 키우고 취업까지 지원하는 사업입니다. 바이오제약산업은 미래 성장동력입니다. 삶의 질 향상, 고령화, 만성질환 증가 등은 바이오제약 시장을 지속적으로 확대시킬 겁니다. 하지만 우리나라는 바이오제약 관련 전문 인력이 부족합니다. 따라서 바이오산업 전문가 양성을 위한 사이버 교육 전문기관의 설립과 운영이 절실히 요청되고 있습니다. 인재 육성을 위해서는 기업, 대학, 연구기관, 행정이 네트워크를 구축해야 합니다. 해외 선진국에서는 생태계 구성원 간의 유기적 연결과 균형을 통해 지속적인 산업화 모델을 창출하고, 산-학-연-관 협력관계를 기반으로 기초연구부터 임상연구까지 연계해 지원함으로써 국가경쟁력 강화에도 크게 기여하고 있습니다. 사이디오 시그마의 '사이버 에듀케이션'이 바이오제약 인재 양성의 비전을 제시하고 있어서 정말 환영합니다. 경상북도는 혁신적인 사이버 교육 시스템 구축에 필요한 지원을 아끼지 않을 것입니다.

이강덕 기업이 교육이라는 분야에 관심을 가진 사례는 종종 있었습니다만, 대부분이 대학과 협약을 맺어 채용연계형 계약학과를 개설하는 형태였지요. 그러나 사이디오 시그마의 '사이버 에듀케이션'은 근본이 다릅니다. 이탈리아 로마의 가톨릭의대, 제멜리 종합병원 등 글로벌 바이오·메디컬 선두 기관과의 협력을 통한 사이버 산학 협력 아카데미 출범이라는 독특한 방식을 선택했습니다. 그런데 이러한 글로벌 사이버 교육을 실현하는 일은 한 기업만으로는 버겁지 않나 생각합니다. 대학과 지방정부뿐 아니라 지역사회가 깊은 관심과 애정을 함께 기울여야 할 것입니다. 스위스 바젤, 미국 보스턴 등 세계적인 바이오 클러스터는 우수 대학이 있고 연구 인력이 풍부하다는 공통점을 가지고 있습니다. 이 점에서는 포항도 상당히 준비돼 있지요. 세계적인 강소 대학인 포스텍과 한동대에서 바이오 분야의 뛰어난 인재를 배출하고 있습니다. 또한 3세대, 4세대 방사광가속기와 극저온 전자현미경, 바이오 오픈 이노베이션센터, 세포막단백질연구소, 식물백신기업지원시설 등 대학이나 기업이 자체적으로 갖추기 어려운 장비나 시설을 지원해왔고 지속적으로 대학, 기업들과 협력해서 전문 인재 양성과 바이오 연구개발에 필요한 설비들을 구축해 나갈 겁니다. 포항시는 우리 지역에서 성장한 우수한 연구 인력과 바이오벤처들이 역외로 유출되는 것을 방지하기 위해서라도 바이오산업의 경쟁력을 집중적으로 육성해야 하는데, 사이디오 시그마의 글로벌 사이버 바이오제약 교육기관, 이건 멋진 구상입니다.

스위스 바젤 같은 세계적인 바이오 클러스터를 향하여

이대환 사이디오 시그마는 포항이 주요 거점입니다. 이 책의 「시티 바이오」에도 자세히 소개돼 있는데, 주목할 것은 스위스 바젤입니다. 포항시민의 귀에 '바젤'이라는 지명이 제법 익숙해진 계기는 지열발전 실험 과정에 발발했던 '유발지진' 사건입니다. 포항보다 훨씬 앞서서 바젤이 유사한 '유발지진' 사건을 겪었고 그것이 포항 '유발지진'을 증명하는 하나의 과학적 선험사례로 호출돼왔던 거지요. 그때 화난 시민들이 관심을 기울이지 못했지만 바젤은 세계적인 바이오제약 도시입니다. 노바티스, 로슈 같은 '글로벌 톱10' 제약회사들의 근거지입니다. 1인당 국민소득 8만 달러의 스위스에서 바이오제약이 30퍼센트 내지 40퍼센트를 해주고 있다지 않습니까? 대한민국은 스위스 같은 제약강국, 신약강국으로 나가야 한다는 그 국가적 비전이나 사이디오 시그마의 미션은 바젤과 분리될 수 없는 것이겠지요. 그런데 사이디오 시그마가 바젤을 다시 포항으로 호출했습니다. 포항에서 바젤 모델의 가능성을 읽어냈다는 것이죠. 포항은 대학, 가속기 등 바젤과 유사점도 있지만, 도시 형성 역사부터 차이가 큰 것도 사실입니다. 그렇다면 바젤 모델을 포항에 어떻게 접목시킬 것인가 하는 화두를 풀기 위해서는 아주 창의적인 방안이 제출돼야 할 것 같습니다.

임종윤 역사의 위대한 꿈은 세대를 거치면서 완성된 사례가

적지 않습니다. first-in-class가 되는 미션과 비전을 공유하면서 어떻게 슬기로운 용기로 도전해 나갈 것인가. 이러한 고민과 모색을 우리의 깊은 마음에 항상 간직한다면 그것이 올바른 나침반 역할을 해줄 것이라고 생각합니다. 포스텍, 포항을 처음 방문했을 때 우리나라의 어디에서도 찾아볼 수 없는 중요한 설비들, 어디에서도 만나기 쉽지 않은 사람들로부터 바젤 모델을 떠올렸습니다. 좋은 시간과 좋은 장소와 좋은 사람이 어우러져서 계속 추진해야 합니다. 그래서 정해진 장소와 사람에 맞는 보건 복지의 최고 수준을 경험하게 될 모델, 프로토타입을 만들고자 합니다. 그리고 그것을 만드는 일들이 바이오제약의 first-in-class가 되는 비전, 미완의 위대한 꿈을 실현해줄 것입니다.

이강덕 바젤은 18세기 산업혁명 이후 섬유와 화학산업이 모태가 되어 자연적으로 오랜 세월에 걸쳐 바이오제약산업 클러스터가 형성되었고, 포항은 철강산업을 기반으로 성장한 도시입니다. 그러나 두 도시에는 중요한 공통점도 있습니다. 이것이 바젤 모델을 그려보는 계기가 됐을 것이라고 짐작해 봅니다. 바젤은 신약개발의 핵심적 연구 인프라인 방사광가속기와 유럽 생명공학 중심인 바젤대학교를 중심으로 하는 활발한

R&D가 있습니다. 이러한 인프라가 로슈, 노바티스 같은 글로벌 제약기업들과 유기적 네트워크를 형성해 바이오제약 분야에서 세계적인 명성을 떨치고 있는 것이죠. 우리 포항도 앞서 소개해드린 3세대, 4세대 방사광가속기를 비롯해 여러 가지로 훌륭한 R&D 기반을 갖추고 있고 꾸준하게 증설해 나가고 있습니다. 또한 포스텍과 한동대를 중심으로 바이오 분야의 뛰어난 석·박사급 인재를 지속적으로 배출하고 있고, 지역 대학의 기술을 기반으로 제넥신, 압타머사이언스, 바이오앱 같은 우수한 바이오벤처 창업이 이어지고 있습니다. 세계적인 바이오 클러스터로 도약할 수 있는 저력이 충분하다는 겁니다. 이러한 톱 수준의 인프라들과 사이디오 시그마가 도전적이고 창의적인 기업가정신을 바탕으로 유기적 네트워크를 형성해서 바젤 모델을 접목시킨다면, 포항은 바이오제약 산업을 이끌어나갈 거점도시로 성장할 수 있습니다. 세계적인 바이오 클러스터의 핵심 경쟁력은 우수한 인력과 연구개발 능력, 풍부한 연구 인프라인데, 여기에 '오픈'과 '협력'이 결합돼야 합니다. 민간부문에서 기업과 대학, 연구기관 간의 오픈 이노베이션이 활발히 이루어지고, 공공부문인 정부와 지자체에서 민간이 스스로 해결하기 어려운 부분에 대한 지원체계를 갖추고, 이렇게 해서

산-학-연-관이 유기적 협력으로 전진한다면 포항은 명실상부하게 세계적인 바이오 클러스터로 성장해 나갈 것이라고 확신합니다.

김무환 말씀해주신 것과 같이 바젤은 처음부터 한 섬유업체가 화학사업을 하다 제약사업으로 확장하면서 자연스럽게 제약도시로 성장했으니, 도시의 역사가 제철산업으로 성장한 포항과는 많이 다를 수밖에 없습니다. 세계적 제약기업들이 바젤에서 성장하면서 자연스럽게 바이오 클러스터의 기반을 구축했습니다. 지금은 스타트업이 활성화돼 있고, 이들의 R&D 결과물을 거대 제약기업들이 더 큰 가치로 창출하는 선순환 시스템을 구축하고 있습니다. 그들이 스타트업으로서 대응하기 어려운 유통, 홍보, 마케팅 네트워크를 제공하는 것이 큰 장점이지요. 포항도 바젤과 비견할 인프라를 갖추고 있습니다. 시장님의 말씀대로 포스텍이라는 연구중심대학과 한동대가 있고, 대한민국 최고 수준의 연구 인프라, 인적 인프라를 보유하고 있고, 굳이 스타트업을 유치하지 않아도 다양한 분야의 스타트업이 끊임없이 만들어지고 있습니다. 이런 이점을 극대화하는 과제가 기다리고 있는데, 국내 대표적 바이오제약기업과 손을 잡는다면 헬스케어 분야에서도 더욱 활발한 창업이 이루어지게 됩니다. 가장 중요한 점은 사이디오 시그마가 포항에서 구상하고 있는 "무공해 무결점 바이오 환경을 통해 일생을 관리하는 프로토타입 시티"라는 내용을 충실하게 구현하는 데 필요한 혁신적 기술을 확보하는 것입니다. 이 고민을 우리가 함께 해야 합니다. 대학의 기술을 기반으로 한 스타트업도 적극 활용해야겠지요. 스타트업은 큰 기업이 시도하기 어려운 분야에 도전할 수 있으니까요. 또한 포스텍이 스마트시티 개발을 위한 '미래도시오픈이노베이션센터(FOIC)'를 운영하고 있다는 점도 말씀드립니다. 물론 새로운 방안을 찾고 만드는 것은 중요하지만, 기존 인프라를 전체적으로 파악해 이를 잘 활용하고 더 발전시켜 사이디오 시그마의 지향에 필요한 기술을 개발하는 것도 중요합니다. 그리고 한 번 더 강조하고 싶은 것은 지사님과 시장님도 강조하신 산-학-연-관의 커뮤니케이션입니다. 바젤의 성공에는 커뮤니케이션이 아주 중요한 요건입니다. 신약물질 개발부터 상품화 단계까지 연구자, 기업, 기관이 유기적으로 상호작용하는 시스템을 구축하고 있습니다. 포항에도 적극적인 공유와 협조가 요구됩니다. 정부, 지자체, 대학, 글로벌 기업, 스타트업 등 다양한 기관의 원활하고 단단한 커뮤니케이션 구축은 선택이 아니라 필수입니다.

이철우 바젤은 인구 20만 명의 작은 도시지만 600여개의 바이오 기업과 40여개의 과학연구기관이 몰려있을 정도로 세계적인 바이오제약산업의 중심지로 유명합니다. 대한민국의 경제개발 역사가 증명하듯이 그런 모델이 존재한다는 것이 후발 주자에게는 귀한 선물이라고 할 수 있잖아요? 인구 50만 명의 포항시가 바이오제약 도시로 성장하겠다는 비전에 대해 바젤은 좋은 모델입니다. 말씀들 하셨다시피, 포항은 충분한 잠재력을 가지고 있습니다. 포스텍, 한동대, 가속기 클러스터, 포항산업과학연구원, 막스플랑크연구소 한국분원 등 세계적 수준의 첨단과학 인프라를 갖추고 있습니다. 여기에 3,000여 명의 석·박사급 연구진이 포진하고 있으니 우수한 인재도 풍부합니다. 또한 지역 대학의 기술을 기반으로 우수한 바이오벤처 창업이 활발합니다. 바이오 클러스터로 도약할 수 있는 저력을 확보해 놓은 것이지요. 특히 표적 단백질 구조에 기반한 바이오신약 연구개발에 집중하고 있는 제약바이오 기업을 위한 필수적인 시설을 포항은 모두 갖추고 있습니다. 4세대 방사광가속기를 활용하면 단백질 구조를 정밀하게 파악할 수 있고, 세포막단백질연구소의 극저온 전자현미경은 항체 신약 개발에 없어서는 안 되는 주요 시설입니다. 산-학-연은 기존의 훌륭한 인프라들을 보다 더 전체적으로 잘 활용하는 방안을 강구해야 하고, 경상북도와 포항시는 사이디오 시그마의 비전을 계기로 삼아 '펜타시티'라 부르는 포항융합기술산업지구를 글로벌 바이오 클러스터로 발전시키기 위해 반드시 필요한 혁신 메디컬센터 유치에도 적극 나서야 합니다. 이제 경북 포항이 스위스 바젤이나 미국의 보스턴 같은 바이오 클러스터로 나아가는 걸음마를 시작했는데, 민간이 하기 어려운 부분에 대한 지원을 아끼지 않겠습니다.

보스턴 '캔들 스퀘어'의 바이오 클러스터, 무엇을 배울 것인가

장순흥 스위스 바젤을 말씀해주셨는데, 저는 더 최근의 사례로서 미국 보스턴의 MIT 바로 옆에 있는 캔들 스퀘어에 대해서도 적극적으로 공부하고 참고했으면 좋겠다고 생각합니다. 캔들 스퀘어는 2008년쯤에 시작했는데 십 년도 안 돼 세계적인 바이오 클러스터로 변모했습니다. 후발 주자가 놓칠 수 없는 모델이지요. 불과 십 년 안에 세계적 제약회사 20개 중에 19개가 캔들 스퀘어에 둥지를 텄습니다. 이런 꿈같은 큰일을 했는데요, 이렇게 성공한 모델은 후발 주자가 정말 놓칠 수 없는 모델이 아닌가요? 지사님, 시장님, 총장님, 또 바이오제약기업의 대표가 함께 논의하는 자리니까, 캔들 스퀘어 모델에 대한 설명을 개략적으로 해볼까 합니다. 21세기 벽두에 맞이한 MIT의 위기위식에 의한 결단과 매사추세츠 주정부의 결단이 서로 손을 잡은 것이 그 출발이었습니다. 2004년에 MIT는 바이오를 선택하고, 2007년에 주정부는 바이오 단지를 조성하겠다는 목표를 내세우고 10년간 10억 달러를 투자하는 생명과학 이니셔티브(Life Sciences Initiative)를 선언했습니다. 주정부가 설립한 매사추세츠 생명과학센터(Mass Life Science Center, MLSC)는 자금과 프로젝트를 연결하고 관리하는 역할을 맡고, 비영리단체 매스 바이오(Mass Bio)에는 하버드 의대를 비롯해 975개의 생명공학 관련 학교, 연구기관, 기업들이 회원으로 가입했는데 여기서 바이오산업 프로젝트들을 주정부에 제안했습니다. MIT는 매사추세츠 종합병원, 브리검 여성병원, 보스턴 어린이병원 등과 공동 연구를 진행하면서 신약 개발에서 큰 역할을 해냅니다. 화학과의 역할도 컸지요. 차세대 항암제로 각광받는 항체약물접합(ADC) 치료제는 바이오와 케미컬 기술을 융합한 것인데, 그 신약 후보 물질 발굴이나 개발에 화학 지식이 중요한 역할을 했던 겁니다. 물론 우수한 연구자들이나 연구 인프라도 풍부하고, 또 영웅적인 스타 연구자도 있었습니다. 이런 모든 것들이 융합돼 보스턴은 몇 년 전에 특허 5,600여 개, 고용창출 8만여 명으로 미국 1위 바이오 클러스터에 올랐습니다. 시작해서 십 년도 안 지나 바이오산업의 선두를 지켜온 샌프란시스코마저 제쳤던 거지요. 포항에도 인프라가 잘 갖춰져 있습니다. 이것을 어떤 결단으로 어떻게 활용하느냐, 이 문제가 기다리고 있는데, 산-학-연-관의 유기적 커뮤니케이션이 중요하다는 것을 강조해주셨습니다만, 보스턴의 캔들 스퀘어 모델에서도 그것은 매우 중요한 필수 요소였습니다.

이대환 장 총장님의 회고 대담집 『카이스트의 혁신, 10년』을 읽어봤습니다. 포항 한동대 총장으로 오시기 전에 대전 KAIST 부총장, 교육연구원장으로 재임하셨는데, 2008년에 카이스트 부총장으로서 세계적인 바이오 클러스터를 조성하자는 플랜을 기획하고 추진하셨더군요.

장순흥 어느덧 12년 전의 일이고, 그때 MIT와 보스턴의 캔들 스퀘어도 참고했는데, 좌절의 추억이지요.

이대환 실패, 좌절은 바이오제약의 신약개발 과정에 다반사로 일어나더군요. 실패의 탑 위에 찬란히 피어난 꽃이 혁신신약이구나, 이런 생각이 들게 했습니다. 그렇게 실패나 좌절도 소중한 자산이니 한 번 들려주셨으면 합니다.

장순흥 실패담을 해야겠군요. 카이스트는 2004년에 의과학대학원을 설립하고 2006년 3월부터 학생들이 입학하게 되는데, 대전시가 2005년 대전바이오벤처타운을 설립하면서 '바이오테크노폴리스 대덕'을 선포합니다. 대덕연구단지와 충북 오송의 생명과학산업단지를 연계해서 바이오산업을 육성한다는 계획이었지요. 2006년 7월 카이스트는 MIT 기계공학과 석좌교수였던 서남표 총장을 초빙해오고, 2008년 중앙정부에 의한 카이스트와 한국생명공학연구원의 통합이 추진됩니다. 카이스트와 생명연은 담을 하나 사이에 두고 붙어 있어요. 그때 저는 카이스트 부총장으로서 미국 하버드 의대처럼 바이오·메디칼 분야에서 세계적인 연구병원을 만들려면 생명연의 바이오 분야와 카이스트의 공학, 물리학 등을 융합해야 한다면서 강력히 통합을 주장했습니다. 2004년과 2007년, 그 시기에 보스턴에서 일어났던 움직임과 비슷한 시도가 있었던 겁니다. 바이오산업은 병원과의 연계가 중요하잖아요? 카이스트는 생명연과 통합해서 그걸 바탕으로 임상전문병원을 설립하려고 했습니다. 대전에 충남대 병원이 있지만, 환자 치료 중심이어서 협력이 쉽지 않았던 겁니다. 대덕단지와 카이스트를 세계 최우수 바이오 클러스터로 조성할 플랜이었지만, 결국 무산되고 말았어요. 생명연이 극구 반대했습니다. 말이 통합이지 결국 흡수 통합이니 연구 기반이 무너진다, 생명연이 대학 부설기관이 되면 연구의 방향과 직결되는 인사권, 예산권 등을 모두 잃을 것이다, 이런 주장이었지요. 2011년에 또다시 통합 시도가 있었지만 역시 백지화되었고, 두 기관이 공동 운영하는 바이오전문대학원을 설립하자고 합의했으나 이마저 무산되고 말았죠.

이대환 이 좌담에서 글로벌 사이버 바이오제약 전문대학원 설립을 거론했는데, 경북 포항은 제대로 추진했으면 합니다.

이철우 아쉽군요. 그 아쉬움을 경북 포항이 풀면 되겠는데,

역시 커뮤니케이션이 중요합니다. 오픈, 공감, 그리고 협력, 이러한 커뮤니케이션을 우리는 반드시 만들어야 합니다.

이강덕 물론입니다.

김무환 카이스트의 그 경험은 오늘의 포스텍에도 시사점이 있는 것 같습니다.

장순흥 누구의 인생에나 아쉬움은 있겠지요. MIT를 중심으로 하는 보스턴 바이오 생태계와 같은 클러스터를 조성하지 못한 실수가 반복되지 않고 그것이 경북 포항에서는 타산지석이 되기를 바랍니다. 뭔가 잘 돼가는 모습을 보고 싶고 또 힘을 보태고 싶습니다. 그리고 기술개발의 중요성을 새삼 강조합니다. 핵심은 바이오 기술개발입니다. 우리가 훌륭한 신약을 개발해서 그것을 원하는 세포에 어떻게 공급하느냐, 이 기술이 굉장히 중요하다고 봅니다. 기술개발을 위한 설비, 연구 인력, 스타트업, 이런 훌륭한 인프라를 갖추고 있는데, 이제 좋은 기술만 개발하게 되면 많은 연구자들이 포항으로 몰려오게 됩니다. 바이오벤처들도 많이 오게 되지요. 그러면 거대 제약기업이 쫓아오고, 지금도 모여들게 됩니다. 바이오, 제약, 의료기기 분야에서 좋은 기술들을 많이 가진 벤처, 대학, 연구소를 기대합니다. 이것이 바로 포항이 한국을 넘어 세계적인 바이오 클러스터로 성장하는 길이라고 생각합니다.

포스코와 함께 가는 '포스트 포스코'의 포항 미래

이대환 세계적인 바이오 클러스터는 포항이 '포스트 포스코'로 가는 새롭고 중대한 해법의 하나입니다. 저도 90년대부터 포스코가 잘 되고 있는 시기에 '포스코와 더불어 포항의 포스트 포스코'를 준비해야 한다고 목소리를 높이곤 했습니다만, 그때는 주로 철강산업이나 철강과 밀접한 조선산업으로 일어섰다 넘어졌다 다시 일어선 미국 피츠버그, 스웨덴 말뫼를 단골로 불러냈고, 뒷날에는 문화예술의 중요성을 부각하는 시각이 보태져 스페인 빌바오도 불러냈습니다. 그런 공론(公論)의 시도가 여론을 넓혀나가긴 했지만 절박해지지 못하고 거의 공론(空論)으로 떠돌다 중국의 급성장이 포항, 울산 등 한국 철강과 조선의 본거지를 정말 심각하게 괴롭히는 상황이 전개되는 가운데 오래 지각을 했지만 '포스트 포스코'가 포항이란 도시의 운명과 직결된 공론(公論)으로 자리를 잡게 되었고, 그때부터 지역사회의 오피니언 리더들이 포항의 미래를 진정으로 염려하면서 뭔가 제대로 된 새로운 준비를 서두르지 않으면 심각한 사태가 도래할 수 있다는 위기의식을 표명하게 되었습니다. 물론 그것이 여론 형성에도 중요한 역할을 했는데, 다행히도 근년 들어서는 희망적인 윤곽을 나타내고 있습니다. '포스트 포스코'의 길에 박차를 가하고 있는 이 시점에서 그 방향에 대해 짚어봤으면 합니다.

이강덕 이제는 우리 포항이 올바른 방향을 잡고 있다고 생각합니다. 스웨덴 말뫼나 스페인 빌바오 등은 도시가 쇠락한 다음에 지방정부, 지역사회, 기업이 머리를 맞대고 대안을 찾아 친환경에너지도시, 관광산업도시로 재도약했지만, 포항은 그들 도시가 걸어온 길과는 달라야 하고, 또 다르게 가고 있습니다. 우리는 위기를 체감하는 시간대에 그것을 근본적으로 극복할 전략을 수립해 '경쟁력 있고 잘할 수 있는 분야'에 집중하는 중입니다. 철강제품 수요 정체, 중국과의 경쟁 심화, 철강재 사용 환경 변화, 대체재 부상 등으로 철강산업의 향후 전망이 밝지 않은 것은 사실이고, 특히 올해는 코로나19로 인한 글로벌 수요 감소가 철강산업을 악화일로로 몰아가고 있습니다. 철강경기가 조기에 회복되기를 바라지만, 그런 마음과는 별개로 포항은 산업구조의 재편을 속도감 있게 추진해야 합니다. 물론 어느 도시의 산업구조를 하루아침에 변화시킬 수는 없으니 조급증은 금물입니다. 포항은 철강산업을 기본 바탕으로 미래 성장산업인 이차전지산업, 바이오제약산업을 육성해 나가야 합니다. 이차전지 분야에서는 2017년 양극재 소재기업인 에코프로의 투자를 시작으로 2019년 차세대 배터리 리사이클 규제자유특구 지정, 2020년 포스코케미칼의 인조흑연 음극재 시설 투자가 이어져 포항의 주력산업으로 자리를 잡아가고 있고, LiB(리튬이온전지) 이후를 대비하기 위해 차세대 이차전지 분야를 준비하고 있습니다. 또한 포항시는 포스텍의 바이오분야 기술력과 연구능력, 바이오산업의 성장성에 주목하며 2016년부터 포스텍과 함께 바이오 오픈 이노베이션센터 투자를 시작하여 2018년 식물백신기업지원시설, 2019년 세포막단백질연구소 등 인프라 구축에 대한 투자를 이어가고 있고, 3세대·4세대 방사광가속기와 극저온 전자현미경도 그 활용가치의 명성을 세계적으로 높여가고 있습니다. 이런 가운데 사이디오 시그마라는 든든한 날개를 더 달게 되었습니다. 바이오제약산업은 긴 호흡으로 차근차근 전진해야 합니다. 신약개발에는 최소 10년 이상이 걸린다고 합니다. 조바심을 부리지 않고 바이오제약 기업들이 원하는 것을 수렴하고 지원해서 포항에서는 언제라도 자유로운 연구가 가능하도록 대학, 기업과 함께 기반을 마련해 나갈 것입니다. 지금부터 10년쯤 지나면 포항의 산업구조는 철강산업 단일구조에서 벗어나 이차전지산업, 바이오제약산업 등 3대 산업이 포항의 주력산업으로 변모해 있을 겁니다.

이철우 경상북도는 철강산업, 전자산업, 섬유산업 등 수출 주력산업을 이끌며 대한민국의 산업화와 경제발전을 이끈 주역이었습니다. 그중에도 철강도시 포항은 영일만의 기적으로 우리나라를 선진국 반열에 올리는 토대를 마련했습니다. 그러나 최근 국내외 철강산업은 장기적 경기침체에 따라 성장한계에 직면해 있고, 철강을 주력산업으로 하는 포항도 어려움을 겪고 있습니다. 포항의 경쟁력을 강화하기 위해서는 기존의 철강산업을 기반으로 미래형 최첨단의 새로운 성장엔진을 장착해야 합니다. 이러한 포항의 전략적 고민을 상징하는 슬로건이

"POST 철강! NEXT 50년!"입니다. '포스트 철강'은 당연히 '철강과 함께'를 전제한 것입니다. 철강 없이 철강 너머로 가자는 것이 아니라, 철강도 더 튼튼하게 만들면서 산업구조를 변화시키자는 것이지요. 그래서 포항의 주력산업인 철강산업의 고도화를 위해 '철강산업 재도약 기술개발사업'을 정부 예타(예비타당성조사) 면제로 추진했고, 올해 7월에 최종 통과되는 성과를 이뤄냈습니다. 오스트리아의 철강도시 린츠는 철강산업을 주요기반 산업으로 하면서 과학·기술·예술을 융합한 신산업 육성으로 산업의 패러다임을 바꾸었습니다. 포항도 철강산업을 지원하면서 강소연구개발특구 지정, 차세대배터리규제자유특구 지정을 받아 혁신성장의 토대를 마련하고 첨단신소재산업을 집중적으로 육성하게 됩니다. 여기에다 포항이 갖추고 있는 바이오제약의 훌륭한 인프라가 사이디오 시그마와 결합되면 포항이 세계적인 바이오 클러스터로 발돋움할 것이라고 생각합니다. 사이디오 시그마에 대한 기대가 큽니다. 단기간에 산업구조를 혁신하는 것은 어려운 일이지만 기업과 대학, 행정기관이 함께 협력하면 경북 포항도 주력산업인 철강산업과 신성장산업인 바이오제약산업, 이차전지산업이 조화롭게 발전하면서 제2의 영일만 기적을 이루는 도시가 될 수 있습니다. 우리가 그렇게 만들어 나가야죠.

사이디오 시그마가 새로운 '빛'으로

김무환 고용기회 축소, 인구감소, 각종 인프라 붕괴가 뫼비우스의 띠처럼 반복되는 도시 소멸 과정의 중심에는 지역경제 침체가 있습니다. 잘 알려진 미국의 '러스트 벨트(Rust Belt)'가 가장 대표적인 예입니다. 미국이 후기 산업사회에 접어들면서 제조업 발달의 중심지였던 오대호 지역 도시들의 공장이 멈춰서고 녹이 슬어 유령도시가 되어버린 일이죠. 이러한 문제는 어느 특정 국가나 지역에 국한된 것이 아니잖아요? 산업의 중심이 중공업과 제조업에서 서비스업과 금융업으로 옮겨가고, 새로운 추격자들이 등장하는 격변을 겪으면서 세계의 많은 도시들이 직면해온 도전입니다. 이미 세계경제는 노동·자본중심의 패러다임에서 지식기반으로 전환하는 지각변동을 감당하고 있습니다. 특히 제조업이 국내총생산의 48.9퍼센트를 차지하는 우리나라는 인구감소와 노령화의 가속화까지 더해져 그 충격에 취약할 수밖에 없습니다. 국내 여러 도시들이 지금 사물인터넷, 인공지능, 가상현실 등 첨단기술을 앞세운 4차 산업혁명에 대비하면서 소멸위기와 싸워야 하는 변곡점에 서 있습니다. 여기서 대학의 역할을 다시 주목해야 합니다. 스웨덴 말뫼나 미국 러스트 벨트의 회생을 이끈 것은 대학이었습니다. 대학이 보유한 기술을 바탕으로 첨단기업과 스타트업이 들어서고 공장을 스마트팩토리로 전환하면서 회생에 성공했습니다. 물론 포항은 그들과 다릅니다. 포스코는 여전히 세계 최고 수준의 경쟁력 있는 철강회사로 평가받고 있고 철강도시 포항의 명성은 앞으로 상당기간 건재할 것입니다. 그렇지만 변화를 추진할 동력이 있을 때일수록 산업 다각화를 적극적으로 추진해서 도시의 지속발전을 담보해야 하는데, 포스텍과 한동대가 중요한 역할을 담당해야 한다고 생각합니다. 도시와 대학은 운명공동체입니다. 특히 지식집약 첨단산업을 지향하는 경제구조와 그 변화를 이끌어갈 인재들이 요구되는 오늘의 한국사회에서 그 중요성은 어느 때보다 부각되고 있습니다. 여기에 기업들이 가세한다면, 포항은 말뫼나 러스트 벨트가 겪은 '뼈아픈 경험'을 거치지 않고도 지속성장의 도시로 나아갈 것입니다. 이러한 관점에서도 사이디오 시그마를 읽어내고 싶습니다.

장순흥 한국의 산업화 성공에도 포항제철이 크게 기여했지만, 그동안 포항제철은 특히 포항에서 경제적으로 산업적으로 거의 절대적인 영향력을 미쳐 왔습니다. 그런데 이제는 제철만 가지고는 부족하죠. 말씀들 해주신 그대로 제철은 제철대로 열심히 해야 하고 또 지역사회가 지원도 해야겠지만, 제철만으로는 부족해요. 그래서 산업구조 혁신에 나섰고, 현재로서는 무엇보다 차세대배터리산업이 자리를 잡았고, 사이디오 시그마를 계기로 바이오제약산업에도 한층 더 활력이 살아나는 중입니다. 저는 포항이 신산업 분야에서 무엇보다 우선적으로 해야 될 것이 크게 세 가지라고 봅니다. 첫 번째는 반도체나 소프트웨어 등 IT산업이 와야 되겠죠. 아직은 포항에서 별로 눈에 띄지 않는 분야입니다만, 이건 짚어두고 싶군요. 두 번째는 에너지 산업이 역시 중요하다고 봅니다. 대표적인 것이 배터리산업이죠. 이건 진도가 나가고 있지요. 세 번째는 바이오제약산업이 중요합니다. 이들 세 가지는 다 중요합니다. 앞으로 우리 포항이 이들 세 가지 분야에서 크게 앞서나가야 한다고 생각합니다. 그렇게 되면 정말 산업구조에 균형이 잡히고 지속성장이 가능해지겠죠. 미래의 가장 핵심적인 성장 동력이 무엇인가. 이런 질문을 받는 경우에는 가장 먼저 첨단 바이오제약산업을 말하게 됩니다. 포항에는 좋은 인프라가 있고, 좋은 인재들도 있습니다. 포항은 첨단 바이오제약 도시로 나아가야 합니다. 이건 필수죠. 여기에 사이디오 시그마가 새로운 비전으로 등장했어요, 첨단적이고 참신하면서 융합적인 겁니다. 우리는 앞세대가 이룩해놓은 성취 위에서 잘 살고 있으니 그 바탕 위에서 더 좋은 미래를 만들어야 하는 책임이 있습니다.

임종윤 이 좌담의 사회를 맡고 계시는 분의 '세계로 뻗어나간 빛의 도시, 포항'이라는 포항의 정체성에 대한 글을 흥미롭게 읽었습니다. 포항의 정체성은 빛이다, 이런 정의가 언뜻 도발적으로 느껴졌는데 나중에는 긍정하고 동의하게 만드는 글이었습니다. 해를 맞이한다, 빛을 맞이한다는 영일만(迎日灣)의 '영일'이라는 지명 유래가 『삼국유사』에 기록된 '연오랑 세오녀' 설화에 등장하는데, 연오랑 세오녀는 일본에 제철 기술이라는 문명의 빛을 전수해주고 거기서 왕과 왕비로 추대되었다는 것이더군요. 이것이 빛의 도시로서 포항의 근원이었습니다. 현대사에 들어와서는 포항제철 용광로의 빛이 '한국 산업화의 빛'이 되고, 방사광가속기와 포스텍의 빛이 '한국 과학기술의 빛'이 되어 포항은 세계로 뻗어나간 '빛의 도시'가 되었습니다.

연오랑 세오녀가 포항에서 일본으로 건너가 빛을 전수했다는 설화가 기록돼 내려올 만큼 포항은 유구한 국제항구도시로서 근대화 시대를 맞아 연구하고 변화하고 도전하는 도시의 '빛'을 밝혀오고 있습니다. 요즈음은 원대한 청사진을 품은 대학을 중심으로 혁신 벤처들이 활발하게 탄생하고 있습니다. 사이디오 시그마는 포항에서 해야 할 새로운 중점 육성 산업 분야로 보셔도 좋습니다. 훌륭한 인프라들을 충분히 활용하고 제대로 융합한 바이오제약 클러스터, 스마트한 보건복지 서비스와 지식산업, 혁신적 교육 시스템과 글로벌 문화예술 교류까지 포항이 세계적 명소로 성장하게 되기를 바랍니다. 사이디오 시그마가 그 길의 동행으로서 새로운 빛의 역할을 할 수 있게 된다면 큰 영광이겠습니다.

왜, 연구중심 의대-스마트 메디컬센터인가?

이대환 포항의 정체성은 빛이다, 가슴마다 빛을, 빛으로 세계로, 이런 문장을 처음 쓴 지도 어느덧 십여 년이 더 흘러간 것 같습니다만, 요새처럼 나날이 새로워지는 현란한 테크놀로지를 감안하면 지금쯤 새로운 빛이 나오긴 나와야 하겠는데,

사이디오 시그마가 세계를 비추는 새로운 빛으로 탄생하기를 염원해야겠습니다. 그런데 장 총장님께서 보스턴의 바이오 클러스터 사례를 들려주실 때 하버드 의대와 매사추세츠 종합병원 등 병원들을 말씀하셨지요. 세계적인 바이오 클러스터로 발돋움하기 위해서는 그에 걸맞은 의대와 병원이 반드시 있어야 합니다. 특별한 의대와 특별한 병원은 맞물려 있습니다. 정부의 의대 정원 확대와 공공의대 신설 정책이 의료계의 반발에 부딪혀 지난 9월 4일 '원점 재검토'의 단서를 달고 수면 아래로 내려간 상태입니다. 시시비비를 따져보는 것은 다루지 않도록 하겠습니다만, 연구중심 의대와 스마트 메디컬센터 설립을 공표한 경북 포항은 앞으로 의료계, 정부, 정당, 매달 꼬박꼬박 건강보험료를 내는 주체로서 시민들이 '열린 테이블'에 모여앉아 만들어 나갈 사회적 공론을 주시하는 가운데 이 대화에서 논의한 세계적인 바이오 클러스터를 준비하는 차원에서도 그 공표를 실현하기 위한 지혜와 역량을 지속적으로 결집해야 합니다. 포항의 연구중심 의대 설립 추진은 포스텍이 그 중심에 있지 않습니까?

김무환 그렇습니다. 우리의 대화에서 이미 몇 차례 자신 있게 밝힌 포항의 남다른 경쟁력 중 하나가 바로 포스텍이 보유한 연구 성과와 인프라인데, 포항에 가장 적합한 의대-병원 모델은 결국 스마트 메디컬센터를 중심으로 하는 연구중심 의대 모델입니다. 미국의 사례를 살펴보면, 미국 최고의 병원으로 꼽히는 클리블랜드 클리닉, 메이요 클리닉, MD앤더슨 등은 모두 연구중심 병원인데 매년 수억 달러의 수익을 올리고 있습니다. 존스홉킨스 병원의 경우는, 진료수익은 점차 감소하고 있어도 연구부문과 교육부문의 수익 비중이 점차 높아지고 있지요. 무엇보다 중요한 점은 그러한 연구중심 병원에는 세계적 제약기업과 바이오기업의 지원이 계속되고 있다는 사실입니다. 연구중심 병원의 R&D 결과가 그대로 제약바이오의 상용화로 이어지는 겁니다. 매사추세츠병원의 경우는 그 R&D 성과를 바탕으로 매년 50개 이상 벤처기업이 창업되고 있다고 합니다. 포항은 'Center for Healthcare' 개념으로 발전해 나갈 필요가 있습니다. 단순 질병 치료 목적뿐 아니라, 인간의 삶을 질병으로부터 보호하기 위한 전방위적인 연구를 하는 곳이 되는 것이죠. 질병의 예방-진단-치료-건강 증진까지 하나의 시스템으로 관리해주는 맞춤형 의료체계를 구축하고, 이를 바탕으로 첨단산업을 육성하는, 우리나라에서 시도하지 않았던 새로운 의대-병원 모델을 만들겠다는 것입니다. 이러한 혁신적이고 선도적인 시스템의 중요한 모범 사례가 되어야 합니다. 이건 충분히 가능한 일입니다. 한국에서 처음으로 포스텍이라는 세계적 연구중심대학을 설립하겠다고 했을 때 거의 모두가 뜨악한 회의적 시선으로 쳐다보았지만, 이렇게 실현돼 있지 않습니까? 더구나 그때는 선각자들의 설계와 의지와 지혜에 의존했지만, 지금은 이미 충분한 실력을 갖춘 실체들이 연구중심 의대-스마트 병원을 설립하겠다는 것입니다.

이철우 국내에서 코로나를 가장 먼저 맞은 경북은 병상 확보, 사회복지시설 코호트 격리, 경북형 마스크 개발 등 과감한 선제적인 대응과 도민들의 협조로 K-방역의 성공적인 모델을 만들어냈습니다. 그러나 경북의 의료 현실은 매우 열악합니다. 인구 1,000명 당 의사 수는 1.4명으로 전국 16위로 최저이고, 인구 10만명 당 의대 정원은 1.85명으로 전국 14위입니다. 의료 인력이 절대적으로 부족합니다. 코로나19 비상사태 때는 상급종합병원이 없어서 중증 확진자 168명을 다른 시·도로 이송해야 하는 문제점을 여실히 드러냈습니다. 현재는 정부의 의대 관련 정책이 원점 재검토를 기다리게 되었습니다만, 언젠가 사회적 합의에 의해 그것이 어느 수준으로 결정된다면, 그때 경상북도는 주민건강권 확보를 위한 필수의료 인력을 확보하고 의료산업을 신성장 산업으로 육성하기 위해 포항 연구중심 의과대학, 안동 공공보건의료대학 유치에 최선을 다할 것입니다. 물론 준비는 계속하고 있어야 합니다. 시대적 변화에 따라 사회적 합의로 도출할 수밖에 없는 문제니까요. 또 하나 생각하는 점은, 현재로서는 의대 졸업자의 대학소재 시·도 근무 비율에서 경북이 10.1퍼센트로 최저 수준이라는 겁니다. 그러니까 사회적 합의가 잘 되고 우리가 열심히 노력해서 의대를 유치하게 된다고 하더라도 지역에서 배출되는 의료 인력이 외부로 유출될 수밖에 없는 것이죠. 이를 보완하기 위해선 병원 설립이 필수인데, 여기에는 막대한 재정이 투입되니까 그야말로 산-학-연-관의 유기적 협력체계가 필요한 일입니다. 연구중심 의대-스마트 메디컬센터의 입지 조건으로는 우리나라에서 경북 포항만큼 좋은 도시가 없어요. 포항가속기연구소, 포항테크노파크, 나노융합기술원, AI대학원, 세포막단백질연구소를 비롯한 바이오 연구 인프라, 포스텍과 한동대의 활발한 벤처창업 등 바이오헬스케어 분야를 효과적으로 육성시킬 수 있는 생태계가 조성돼 있습니다. 최적의 입지지요. 사이디오 시그마를 포항의 새로운 빛으로 만들면서 바이오메디컬 산업의 중심으로 도약시켜야 합니다.

이강덕 경북의 열악한 의료 현실에 대해 말씀해주셨는데, 인구 1,000명 당 의사 수가 전국 최저 수준이라는 그 수치는 치료 가능 사망률 57.8퍼센트라는 전국 최고 수준으로 나타납니다. 이러한 통계만 놓고 봐도 경북 도민들이 직면하고 있는 의료 현실이 얼마나 열악한가를 한눈에 알아볼 수 있습니다. 만약 의료계가 반대하지 않고 정부가 추진하려 했던 의대 정책에 속도가 붙고 있다고 가정해보면, 객관적이고 합리적인 시각으로 봤을 때 경북은 당연히 1순위 후보지로 거론되고 그에 따른 실사가 진행돼야 한다고 생각합니다. 현재 상황에서 예단하기는 어렵지만 대다수 전문가들은 '원점 재검토'가 사회적 합의 도출을 위한 새로운 시발점이 될 것이라고 합니다. 설령 이번에 사회적 합의 도출에 실패한다고 하더라도 의료 정책 변화의 불씨는 살아날 수밖에 없을 것입니다. 그래서 지금부터 우리의 준비는 더 철저해져야 한다는 점을 강조하고 싶습니다. 더구나 포항의 의대 신설과 병원 설립은 우리나라에는 없는 모델을 혁신적이고 선도적으로 세우겠다는 것입니다. 김 총장님과 지사님께서 말씀하셨듯이, 포스텍의 공공의료중심 연구의대와 스마트 메디컬센터, 이에 근거한 바이오제약산업 육성이 바로 그것입니다. 이러한 새로운 모델을 만드는 데는 사이디오 시그마의 시티 바이오, 디지털 바이오가 중요한 역할을 해줄 겁니다. 예고된 원점 재검토를 통한 사회적 합의가 이뤄진다면 모든 역량을 결집해서 포항 모델의 혁신성과 세계적 가능성을 설득할 것입니다. 연구중심 의대-스마트 메디컬센터-바이오제약산업, 이 포항 모델은 정부의 한국판 뉴딜 정책의 소중한 거점이 될 수 있습니다. 포스텍이 우리나라의 이공계 대학교육을 혁신했듯이, 거의 모든 인프라를 갖춘 경북 포항이 설립하려는 의대-병원 모델도 우리나라의 미래를 위한 혁신을 일으킬 수 있다고 확신합니다.

임종윤 미래는 준비하는 자의 것이라는 말을 떠올리게 됩니다. 원점 재검토가 어떤 합의에 도달할 것인가를 현재로서는 예측하기 어려운 상황입니다만, 총장님, 지사님, 시장님께서 바라시는 대로 만약 사회적 합의에 의한 어떤 변화의 여지가 생긴다면, 혁신적인 의료과학을 보여줄 수 있는 모델을 세우는 계기로 삼는 것이 바람직하겠다고 생각합니다. 작은 정원이지만 최고 수준의 교수와 학생을 갖춘 의대와 연구기관 겸 의료원으로, 전주기 형태의 교육, 연구, 진료, 치료, 생활, 복지까지 최고 수준을 실행할 수 있는 '작은 생태계'를 설계해야 성공할 수 있을 것입니다.

장순흥 한동대 생명과학부 출신의 의사와 예비의사가 350명 정도입니다. 이들 중 상당수는 임상뿐 아니라 연구에 종사하고 있어요. 포항에 의료과학의 인재가 많다는 하나의 증거인데, 포스텍의 인재들과 설비들까지 감안해보면 포항에서 준비하는 연구중심 의대-스마트 메디컬센터는 세계적인 바이오 클러스터로 성장해야 한다는 관점에서도 반드시 갖춰야 하는 기본조건이라고 생각합니다. 그것을 갖추기 위해 준비하고 노력하는 동안에도 역시 중요한 것은 기술력 확보입니다. 앞서 얘기했지만 바이오제약산업이 되려면 좋은 기술이 많이 나와야 합니다. 의대-병원을 바탕으로 바이오제약 기술은 물론이고 의료기술, 의료기기 개발에서도 좋은 성과를 내야 합니다. 원격진료 도입도 현재는 의료계와 갈등을 빚는 문제지만, 코로나19는 원격의료를 환자들에게 필요한 현실의 것으로 불러들였습니다. 원격의료도 시간의 문제로 기다리는 셈인데, 이 기술도 선도적으로 개발해두는 것이 매우 유리한 위치를 부여해줄 겁니다. 바이오제약 기술, 의료 기술이 많이 나오면, 여러 문제들이 해결될 거라고 봅니다. 거듭 강조하지만, 포항에 가면 좋은 기술이 많다, 이 소문이 나면 나머지는 스스로 쫓아올 거라고 생각합니다. 포항의 의대-병원 모델에 대해 좋은 의견들을 내놓으셨는데, 포항의 의대-병원은 그러한 방향으로 가야 한다고 봅니다. 좋은 기술이 임상시험을 할 수 있는 병원은 필수지요. 정책을 기획하고 결정하는 자리에 계신 분들도 MIT와 캔들 스퀘어의 성공 사례가 웅변해주는 목소리를 경청해야 합니다.

사이디오 시그마, 협의체와 플랫폼부터

이대환 이른바 '원점 재검토'의 사회적 공론화가 정파적 계산서나 이해당사자의 계산서에 갇히지 않고 미래지향의 거시적 차원에서 코로나19에 시달리는 국민에게 위로의 선물이 될 만한 합의를 내놓으면 좋겠습니다. 정파적 진영으로 갈라지는 세태를 진심으로 염려하고 경계하는 건전한 시민사회가 공감할 수 있는 미래의 청사진과 국가의 비전을 담은 결과가 나오게 되기를 기다려야 하겠습니다. 이 좌담에서 다루는 사이디오 시그마의 비전은 한국 바이오기업들, 지역의 대학, 포항시, 경상북도, 더 나아가 중앙정부와 연계돼 있습니다. 그래서 지역사회 내부의 상호신뢰를 더욱 다지고 튼실한 관계망을 잘 만들어야 하는데, 어떤 실질적인 방안이 있겠습니까?

김무환 두 가지를 들고 싶습니다. 첫째로 협의체 구성과 플랫폼 구축이고, 둘째로 실질적인 결과물 생성을 통한 선순환 체계 마련입니다. 바젤의 사례처럼 커뮤니케이션은 협력을 위해 아주 중요한 요소입니다. 우리는 이제 시작 단계인데 서로 다른 기관이 계속 커뮤니케이션해 나가기 위해서는 그것을 정례화할 필요가 있습니다. 각 기관의 관계 부서 간에 정보를 수시로 공유하면서 모두가 상생하는 미래 방향에 대한 검토에도 공동으로 참여해야겠지요. 바로 이러한 협의체를 위해서 정보 공유의 플랫폼을 구축해야 합니다. 시급한 일이죠. 또, 협의체는 탁상공론을 멀리하고 실질적인 결과물을 만들어내는 데 주력해서 그 결과물을 관계 기관은 물론이고 포항 시민들도 제대로 이해하고 그 이점을 피부로 느낄 수 있게 해야 합니다. 이렇게 하면 당연히 협의체가 나아가고자 하는 방향에 대한 이해도와 지지도가 높아질 것이고, 이를 바탕으로 지자체와 중앙정부도 더 적극적으로 혁신의 동력을 지원하게 되는 선순환 체계가 자연스럽게 마련될 겁니다.

이강덕 좋은 말씀입니다. 협의체 구성과 플랫폼 구축은 기본적인 준비라고 생각합니다.

준비해온 바이오제약, 포항 펜타시티에서 꽃피울 것

이철우 천 리 길도 한 걸음부터이고, 시작이 반이기도 합니다. 첫 걸음을 내딛고 협의체와 플랫폼도 만들어야 합니다. 사이디오 시그마는 거시적 비전이지요. 드디어 경상북도가 파트너를 제대로 만나게 되었는데, 우리는 2016년에 가속기기반 신약개발 협의체를 출범한 때부터 신약개발을 위한 인프라 조성과 연구개발에 지속적으로 노력해 왔습니다. 앞서 거명을 했습니다만, 바이오신약 연구개발을 위한 세포막단백질연구소, 산·학·연 융합 공간인 바이오오픈이노베이션센터, 식물 플랫폼의 의약개발을 위한 식물백신기업지원시설 등을 지역선도사업으로 선택해 중앙정부의 지원을 받게 되었는데, 5년이 지난

지금 결실을 맺어가고 있습니다. 사이디오 시그마와의 인연으로 산-학-연-관의 네트워크는 더욱 공고해질 거라고 기대합니다. 중앙정부도 바이오헬스케어산업을 육성하기 위해 각종 규제 개선, 기술혁신, 상생협력체계 구축, 인력양성, 시장진출 등 과감한 혁신 전략을 수립해서 추진하고 있습니다. 이에 발맞춰 경상북도는 바이오헬스케어산업을 집중 육성하기 위해 올해 1월 바이오 전담 조직을 신설해서 중앙정부의 정책에 적극 대응하고 있습니다. 지난해 10월에 경북 네이처 생명산업 협의체도 출범했지요. 지역 산-학-연-관 협력체계를 구축하고 다양한 정책을 발굴하면서 대한민국 바이오헬스케어산업을 주도해 나가겠다는 것입니다. 역설적이긴 하지만, 코로나19 팬데믹은 K-방역이 국제사회로부터 주목받고 신뢰받는 계기가 됐습니다. 그 중심에 경북이 있었습니다. 사이디오 시그마의 꿈을 포항 펜타시티라는 중심기지에서 활짝 꽃피울 수 있도록 경상북도는 포항시, 지역 대학들과 함께 지원과 협력을 아끼지 않는 가운데 중앙정부의 지원 유치에도 최선을 다하겠습니다.

이강덕 포항시도 2020년 7월 별도 조직을 신설해서 경상북도, 지역 대학과 긴밀히 협력하고 있습니다. 조만간 사이디오 시그마에 함께하는 지역의 바이오기업, 대학, 포항시, 경상북도의 협의체를 구성할 계획입니다. 산-학-연-관의 유기적 협업을 통해 바이오 연구 성과를 비롯해 기초과학의 연구 성과를 산업화하는 선순환 상생발전 모델을 만들겠다는 것입니다. 사이디오 시그마의 비전 실현을 위해서는 거대시설의 증설도 필요합니다. 여기에는 중앙정부의 지원이 필수적인데, 우선 포항시는 바이오기업들의 거대과학시설 활용성 제고를 위해 신약개발 기업 전용 방사광가속기 빔라인 증설, 기업지원용 극저온 전자현미경 추가 도입, 단백질 구조 규명을 위한 자동화 장비 도입 등을 정부에 건의하고 있습니다. 협의체 구성과 플랫폼 구축은 관련 업무에 대한 상호 전문성 향상과 공유에도 크게 도움이 될 것입니다. 또한 기업 활동에서 어떤 부분이 막히는가, 이것을 공무원보다는 기업 현장에서 더 정확하게 체감하기 마련인데, 이런 문제에 신속하게 대응하는 데도 협의체나 플랫폼은 상당한 역할을 해낼 것으로 기대합니다. 그 협의체를 통해 요청하면 최대한 지원을 해드릴 것입니다. 그리고 규제 완화와 제도 개선의 필요성도 발굴되고 요구될 텐데, 그것을 통해 기업의 투자를 유도하고 경쟁력을 강화해 일자리를 창출하겠다는 것이 중앙정부의 정책 기조이기 때문에 협의체에서 올려놓게 되는 그러한 문제들을 지방정부가 중앙정부에 건의하면 불필요한 규제를 풀어야 하는 국가적 과제의 해결에도 기여할 것이라고 생각합니다.

지식 관계망도 글로벌 일류로

장순흥 협의체나 플랫폼은 상당히 좋은 관계망이 될 겁니다. 그 관계망이 업무적인 문제나 정보의 공유에 관한 것이라면, 지식 관계망도 잘 만들면 좋겠습니다. 이 지식 관계망이 대학, 연구소, 벤처기업, 바이오제약기업, 지방정부 사이에 잘 만들어져서 바이오제약 관련 지식산업으로 발전할 수도 있을 겁니다. 훌륭한 관계망으로 발전하게 된다면 그것은 지역에 한정되지 않습니다. 당연히 지역을 넘어 한국 전체하고도 연결이 잘 되어야 하고, 무엇보다도 바이오제약이나 의료 선진국의 지식 관계망하고도 연결이 잘 되어야 합니다. 그렇게 되면 '글로벌 네트워크 날리지(knowledge)'가 형성됩니다. 코로나19가 아니어도 사이버 교육은 중요해질 수밖에 없다는 현실 환경에 대해 우리는 이미 충분히 공감하고 있습니다. 사이디오 시그마에 첫 번째로 등장한 사이버 에듀케이션의 그 교육 관계망에 대한 구상을 글로벌 지식 관계망 구상에 접맥하면 좋은 방안이 나올 것 같군요. 큰일을 상호 협력적으로 잘 풀어나가기 위해서는 반드시 협의체 구성이 필요하고, 그 큰일의 비전을 글로벌 차원에서 실현하기 위한 지식 관계망을 생각해야 합니다.

임종윤 사이버 에듀케이션이나 사이버 네트워크 날리지에 대한 가장 최근의 개인적 체험은 올해 9월 7일부터 사흘간 한국바이오협회가 주최했던 '글로벌 바이오 컨퍼런스 2020'이었습니다. 지난해까지도 집합 컨퍼런스였지만 올해는 비대면 방식으로 개최할 수밖에 없었지요. 세계 각국의 바이오 전문가들이 저마다 자기 자리에 앉아서 발제의 모든 지식을 공유하게 되었습니다. 코로나19가 일 년 만에 회포를 풀 수 있는 기회를 박탈한 것이 아쉬웠지만, 어쩌면 학습의 집중도는 더 높았을 겁니다. 이번 컨퍼런스를 통해 사이디오 시그마 '사이버 에듀케이션'의 성공 가능성을 새삼 확인할 수 있었습니다. 교육 네트워크든 지식 네트워크든 한다면 first-in-class로 가야 한다고 생각합니다. 혁신의 정신으로 글로벌 최고를 추구해야 합니다. 혁신에는 수도와 지방의 구별이 있을 수 없고, 오히려 혁신적인 것은 지방에서 시도하여 중앙에서 적용한다는 좋은 사례가 많이 있습니다. 중국 의료개혁에서도 그랬고, 한국 코로나19 사태에서 질병관리청도 그렇게 했습니다. 아니, 포스텍도 바로 그런 모델이지 않습니까?

지금, 사이디오 시그마를 위해 무엇을 할 것인가?

이대환 과연 경북 포항이 세계적인 바이오제약 클러스터로 도약할 수 있을 것인가, 그 혁신의 메카 역할을 해낼 수 있을 것인가. 이 질문을 누구보다도 이 좌담에 함께하시는 분들부터 진지하게 받아야 할 것 같습니다. 국내 바이오제약기업이 한 지역을 거점으로 그랜드 비전을 세운 것은 처음 있는 일입니다. 코로나19 사태 속에서 '사이디오 시그마'가 발표돼 많은 주목을 받고 있고, 코로나19 위기 극복을 위해 정부가 내놓은 한국판 뉴딜의 한 분야로서도 좋은 역할을 할 것이라고 기대하는 시선들도 많습니다. 그만큼 이 좌담에서 내놓으신 고견이나 약속이 더 무거워질 수밖에 없고, 어쩌면 그것은 우리 시대의 어떤 영역을 책임지고 있는 리더인 다섯 분의 어깨 위에 새로운 사명감으로 얻어질 것입니다. 사이디오 시그마는 긴 호흡을 요구하는 비전입니다만, 지금 이 시점에서 해야 할 가장 중요한 일은 무엇일까요?

장순흥 첫 번째는 우리가 바이오제약과 관련된 기술의 중요성, 기술의 구심력을 깨닫는 것입니다. 이것은 단순히 비즈니스 차원이 아닙니다. 바이오제약이 인류를 위해서 해야만 하는 사명의 중요성을 겸손하게 다시 깨닫고 그 성취를 위한 기술의 역할을 주목해야 한다는 거죠. 두 번째로는 협력의 중요성을 깨닫고 실천하는 것입니다. 협력이 역량을 결집하게 만듭니다. 이 두 가지를 새삼 강조합니다.

김무환 처음에 말씀드린 '함께의 힘'이 가장 중요하다고 생각합니다. 장 총장님께서 말씀하신 '협력'이겠지요. 사이디오 시그마는 여러 기관, 여러 분야를 아우르고 있는 만큼 어느 조직이 홀로 앞서 나가는 육상경기가 아니라, 모두가 힘을 합쳐 물살을 가르는 조정경기에 더 가깝다고 봅니다. 조정경기에서 승리하기 위해서는 꾸준히 체력을 기르는 한편으로 서로 팀워크를 다지는 훈련이 필요하지요. 리더들은 환경을 읽고 방향을 결정하는 훈련을 해야 합니다. 지금 가장 중요한 것은 바로 조정경기를 준비하는 조수와 타수처럼 기본을 쌓으며 커뮤니케이션을 확대해 나가는 것입니다. 그래서 협의체 구성이나 플랫폼 구축이 무척 중요하고 시급한 일이지요.

이강덕 한국의 바이오의 미래를 위해 포항 거점의 사이디오 시그마라는 그랜드 비전을 세운 것은 상당히 고무적인 일이고 시민들도 그만큼 기대감을 가지고 있습니다. 포항시는 관련 기관들의 단단한 네트워크 속에서 세계적인 바이오 클러스터로 거듭나기 위해 최선의 노력을 기울여나갈 것입니다. 지금 이 시점에서 가장 중요한 것은 기업, 대학, 지방자치단체가 상호 협력해서 조속히 비전을 구체화하고 첫 발을 떼는 것이라고 생각합니다. 사이디오 시그마의 6대 비전을 가시화할 플랫폼인 오픈 이노베이션 R&D센터 건립부터 시작하면서 대학, 지역 바이오벤처와 공동연구도 만들어야겠지요. 때마침 바이오제약 산업의 중요성이 부각되고 토털 헬스케어 영역에서 큰 변화가 시작되고 있습니다. 사이디오 시그마는 포스트 코로나 시대를 대비하는 비전입니다. 그린 바이오, 디지털 바이오에는 감염병 진단, 백신과 치료제 개발도 포함돼 있습니다. 포항시는 그것을 연구하고 개발하기 위한 핵심 인프라 구축을 위한 투자와 바이오벤처 유치에 더욱 박차를 가하겠습니다.

이철우 　지금 대한민국은 수도권 집중화로 지방은 고사 직전에 와 있습니다. 우수한 인력과 대부분의 기업이 수도권에 몰려 있고 문화, 의료, 복지 등 각종 인프라도 수도권 중심으로 이뤄져 있습니다. 그러다 보니 수도권 블랙홀 현상이 일어나 지역의 기업들은 떠나고 청년들의 유출도 해가 갈수록 급증하고 있습니다. 최근 경북이 대구와 함께 통합신공항 이전사업에 사활을 걸어 성사시키고 행정통합까지 추진하고 있는 것도 수도권에 대응할 수 있는 힘을 갖추기 위해서입니다. 특히 통합신공항이 문을 열게 되면 지역의 기업들은 획기적인 물류비용 절감으로 경쟁력을 높일 수 있게 되고 지역의 투자 매력도 한층 더 올라가게 될 것입니다. 현재 경북 도정은 투자 유치와 일자리 창출에 역점을 두고 있습니다. 규제 중심에서 지원 중심으로 바꾸고, 기업이 원하고 필요한 것을 신속하게 해결하고 지원하기 위해 적극적으로 노력하는 가운데 '기업을 위한 경상북도'라는 말을 들을 수 있도록 최선을 다하고 있습니다. 이러한 시기에 발표한 '사이디오 시그마'라는 그랜드 비전은 우리나라 바이오 기업들의 목표를 넘어 지방도시의 새로운 발전 모델을 제시했다는 점에서 큰 의미가 있다고 생각합니다. 그 비전은 포항과 경북의 새로운 돌파구이자 대한민국의 새로운 모델을 세우는 계기가 될 것입니다. 사이디오 시그마의 비전이 성공하기 위해서는 무엇보다 산-학-연-관의 협력체제를 갖추고 장기적인 관점에서 전략적으로 추진해야 할 것입니다. 기업과 대학과 지자체의 협의체 구성은 무엇보다 먼저 갖춰야 하는 준비입니다. 지금부터가 정말 중요합니다. 비전에 맞는 세부실행계획을 수립하고, 각 분야에 맞는 사업을 발굴하고, 그 사업을 현실화시키는 방안을 구체화해야 합니다. 경북이 할 일은 사이디오 시그마가 경북 포항에서 크게 성공할 수 있도록 도와드리는 것입니다. 경상북도는 포항시와 함께 사이디오 시그마에 담긴 비전이 '꿈이 아닌 현실'이 되도록 최선의 지원을 다하겠습니다.

임종윤 지사님, 시장님, 두 분 총장님의 충고와 격려와 약속에 진심으로 감사를 드립니다. '사이디오 시그마 도시'를 만들어나갈 모든 분들이 동기와 비전을 이해하고 공감하면 우리의 역량은 훨씬 더 증대될 것입니다. 이 책이 이해와 공감의 확장에 좋은 도움이 되기를 기대합니다. 정말 무엇을 해야 하나, 이렇게 스스로 묻곤 합니다. 미래의 어느 날 젊은이들이 오래된 이 책을 꺼내 읽고 도전과 혁신의 정신에 대해 자랑스럽게 이야기할 수 있게 되기를 깊은 마음에서 희망합니다.

이대환 바쁜 시간을 내주셔서 감사드립니다. 사이버 에듀케이션, 디지털 바이오, 오럴 바이오, 시티 바이오, 그린 바이오, 마린 바이오. 사이디오 시그마의 여섯 분야에 대한 개념, 현황, 비전 등은 이 좌담에 바로 이어지는 교수들과 연구원들의 에세이에서 확인할 수 있습니다. 여섯 편의 에세이와 사이디오 시그마를 앞장서서 이끌어 나갈 다섯 분 리더의 말씀이 이해와 공감의 확대에 길잡이가 되기를 바랍니다. 이 좌담은 대구지역을 대표할 만한 분들과 함께 대구지역과의 협력관계 구축 방안에 대해 논의하지 못한 아쉬움을 남겨두게 됩니다. 이것은 앞으로 전략적으로든 실무적으로든 구체화해 나가야 할 중요한 과제입니다. 대구와 경북 경산에는 경북대, 계명대, 영남대, 대구가톨릭대의 의대·부속 병원·생명과학, 그리고 첨단의료복합단지가 있습니다. 사이디오 시그마에는 이들과의 유기적 협력관계도 반드시 필요할 것입니다.

포항시 장기면의 한 갯마을은 다산 정약용 선생의 첫 유배지

였습니다. 1798년 홍역 예방과 치료에 관한 의서(醫書) 『마과회통』을 저술했던 다산 선생은 1801년 봄날에 포항 장기로 유배를 와서 일곱 달 남짓 지내는 동안 「장기농가」 연작 같은 뛰어난 사실적 시편을 남겼습니다. 장기 갯마을에서 빈핍과 곤궁에 시달리는 변방 백성들의 삶을 리얼리즘의 시편에 담아내는 다산 선생이 꿈꿨던 '좋은 나라'는 어떤 나라였을까? 문득 이런 생각을 하면서 제약강국, 신약강국의 '좋은 나라'라는 거울에 '사이디오 시그마'를 비춰 봅니다. 이 책에서도 스위스 바젤의 바이오산업이나 보건의료 시스템을 살펴볼 수 있는데, 그러한 세계적인 바이오 클러스터의 웅대한 꿈을 실현하기 위해 도전하겠다는 사이디오 시그마의 길에는 피할 수 없는 벅찬 고개들도 기다리고 있겠지만 마침내 지역사회를 넘어 한국사회의 축복으로 활짝 피어나고 지구촌의 새로운 빛이 되기를 기원합니다. 감사합니다.

제1장

사이버 교육

Cyber Education

홍원기·김경선

홍원기 HONG James Won-Ki
캐나다 워털루대 컴퓨터공학 박사
현재, 포항공과대학교 컴퓨터공학과 교수
영상회의 서비스 '브이미팅(Vmeeting)' 개발 및 무료 출시(2020)
주요 논문: 「A flow-based method for abnormal network traffic detection」, 「Web-based intranet services and network management」, 「A Network Intelligence Architecture for Efficient VNF Lifecycle Management」 등

김경선 Kim Kyeong Sun
대구가톨릭대학교 교육학 박사
현재, 포항공과대학교 교육혁신센터 부센터장
주요 논문: 「공학에서 봉사학습 프로그램 운영 전략 모색」, 「수업 모형, 온라인 운영 형태에 따른 교수-학습 상호작용 전략 분석」 등

사이버 교육

2020년 세계경제포럼(World Economic Forum)에서는 인재가 갖추어야 할 역량으로 복잡한 문제해결, 비판적 사고, 창의성, 인적자원관리, 대인관계, 감성지능, 분별 및 의사결정, 서비스 지향, 협상, 인지적 유연성 등 10가지 능력을 제시하였다.[1] 2015년에 중요한 역량으로 설정되었지만, 2020년에 포함되지 않은 역량은 품질 관리와 경청 역량이다. 4차 산업혁명, 인공지능 시대에 기업은 체계적이고 강력한 생산 시스템을 구축해 나가고 있어서 미래의 인재는 외부 자원을 유연하게 활용하면서 복잡한 문제를 이해, 분석, 추론하여 새로운 대안을 끌어내어 추진할 인재를 필요로 한다는 것이다.

2030년 인재가 갖추어야 할 역량으로는 자기주도적 학습 능력을 강조하고 있다. 미래사회에 인재들은 그러한 개발된 역량이 눈에 드러나게 보이지는 않지만, 문제를 해결해 나가는 과정에서 구성원들과 협력하고, 최적의 대안을 결정하는 경험을 통해 드러나는 역량 갭(skill-gap)을 살피고 역량 수준을 높이려는 노력이 필요하다는 것이다. 따라서 기업은 빠르게 변화하는 시대에 자신의 역량을 진단하고 평가하고 새로운 역량을 습득하려는 능동적인 자세를 가진 인재를 육성하는 데 에너지를 투자해야 한다.[2]

2015	2020	2030
복잡한 문제해결	복잡한 문제해결	분별 및 의사결정
다른사람들과의 협력	비판적 사고	유연성
인적 관리비판적 사고	창의성	능동적 학습
협상	인적 관리	학습 전략
품질 고나리	다른 사람들과의 협력	독창성
서비스 지향	감성지능	시스템 평가
분별 및 의사결정	분별 및 의사결정	연역적 사고
적극적 경청	서비스 지향	복잡한 문제해결
창의성	협상	시스템 분석
	인지적 유연성	모니터링

출처: https://barbarabray.net/2019/07/15/skills-and-dispositions-needed-for-the-future

대학도 이러한 시대적 변화를 반영해 역량을 재설정하고 있다. 미국 스탠포드대학교는 'Stanford 2025' 개방형 순환 대학(Open Loop University) 체계를 마련하면서 학점 이수를 평가하는 기존 방식을 지양하고, 학생이 습득한 역량과 기술을 평가하는 제도를 도입하여, 과학적 분석, 수리적 사고, 사회 탐구, 윤리적 사고, 미학 소양, 창의성, 의사소통 역량 향상을 위한 교육 서비스를 제공하고 있다.[3]

인재의 핵심 가치 중 하나는 창의성이다. 급변하는 미래사회에는 창의성을 갖춘 기업과 인재만이 살아남을 수 있다. 창의성을 갖춘 인재는 다양성을 끊임없이 확장해 나갈 수 있는 사람으로, 주어진 상황에서 발생하는 문제를 해결할 뿐만 아니라, 이 문제를 적용하여 창의적으로 새로운 해법과 가능성을 도출해낼 수 있다. 미래사회는 지금보다 더 복잡하고 다양한 문제에 봉착하게 되고, 기업은 이러한 문제들을 해결하기 위해 유창성, 독창성, 융통성을 지닌 창의적 인재를 더욱 필요로 할 것이다.

기업은 사람들이 함께하는 곳이다. 함께 업무를 추진해 나가는 데 있어서 인재가 갖추어야 할 역량이 바로 협력과 의사소통이다. 미래사회에는 혼자 독립적으로 업무를 수행하거나 문제를 해결하는 인재가 아니라 통합적이고 협력을 통해 문제를 해결할 수 있는 인재가 필요하다. 개인의 특성이나 자질도 중요하지만 이에 못지않게 공동 협력을 통한 업무 추진이 중요시되는 사회라고 할 수 있다. 기업 내에서는 효율적인 소통과 협력을 할 수 있는 문화를 만들어 나가야 할 것이다. 개인의 특성이나 성격, 성향 측면에서도 개방된 사고를 갖고, 다른 사람의 생각을 받아들이고, 자신의 생각과 아이디어를 명확하게 전달함으로써 협상할 수 있는 능력을 요구한다. 한마디로 정의하자면 개인 중심, 경쟁 중심에서 협력 중심, 팀 중심, 네트워크 중심의 역량이 필요하다는 것이다.

미래사회에는 특정 학문 혹은 전공의 관점에서 문제를 해결하는 전문 지식을 갖춘 인재를 넘어, 특정 학문의 관점이 아니라 통합적이고 융합적인 관점에서 문제를 해결할 수 있는 융합 역량을 갖춘 인재가 필요하다. 융합 역량은 다양한 인접 학문 분야의 전문 지식을 결합하여 학문 탐구에 대한 가치 인식과 열정을 가지고 주도적으로 깊이 탐구하는 것을 의미한다. 이러한 인재를 길러내기 위해서는 단순한 지식 전달형 학습이 아니라 외부로부터 지식을 수용하고 그것을 활용하여 성과로 연결할 수 있는 교육이 요구된다.

이제 기업은 우수한 역량을 갖춘 우수한 인재들을 선발하는 것도 중요하지만, 미래 환경 변화에 능동적으로 대처하기 위해 기업이 글로벌 시장을 주도해 나가는 데 필요한 인재들의 역량을 끌어올릴 수 있는 교육 인프라를 마련하는 것이 더 중요하다. 미래사회의 변화에 능동적으로 대처할 수 있는 인재들을 길러내기 위해 새로운 에너지를 주입할 수 있는 기회와 공간을 마련해줘야 할 시점이다. 기업은 구성원들이 자기 주도적으로 역량을 강화할 수 있는 최적화된 교육환경을 제공하고 지속적인 학습 기회를 창출해 나가는 과정에서 혁신을 이끌어 낼 수 있다.

4차 산업혁명의 핵심기술과 교육의 변화

제4차 산업혁명은 2016년 세계경제포럼에서 창립자인 클라우스 슈바프(Klaus Schwab) 회장이 지능정보 기술기반의 '제4차 산업혁명'을 언급하면서 예측할 수 없을 정도의 변화를 초래할 것으로 전망하였다[4]. 지능정보사회는 초고속인터넷, 4G/5G 네트워크, 인공지능(AI)과 사물인터넷(Internet of Things: IoT) 기술로 수집된 데이터 및 정보를 클라우드에 저장하고, 축적된 빅데이터를 분석하여 최적의 서비스를 제공한다는 것을 의미한다.[5]

그림 1. 4차 혁명시대의 지능정보기술

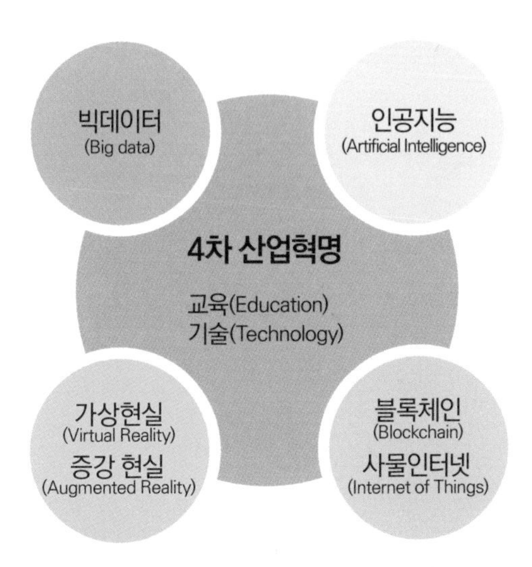

교육 분야에서도 4차 산업혁명 시대를 대표하는 빅데이터, 인공지능, 가상현실(Virtual Reality: VR), 증강현실(Augmented Reality: AR), 블록체인, 사물인터넷 등의 기술을 도입하여 교육 혁신을 주도하려는 시도가 점차 확대되고 있다. 교육계에서는 교육과 기술을 결합해 '에듀테크(Edu Tech)'라 부를 만큼 이러닝의 개념을 넘어 기존과 다른 새로운 학습 경험을 제공하기 위한 기술 개발이 활발하다. 글로벌 인듀스트리 에널리스트 조사에 따르면, 에듀테크 시장은 2017년 약 2,200억 달러(약 246조 원)에서 2020년 4,300억 달러(약 481조 원)까지 성장하고 2030년까지 매년 18퍼센트씩 증가할 것으로 내다보고 있다.[6]

인공지능 및 빅데이터 기술은 학생들의 학습과 집단의 패턴을 분석하여 개인차를 고려한 맞춤형 강의와 학습 자료를 제공할 수 있게 하고, 학습자의 학습 시간을 분석하여 학습내용의 난이도를 평가하고 재조정하는 등 교수의 직접적인 관찰과 주관적인 판단으로 이루어진 기존의 교수-학습활동을 객관적인 통계를 통해 분석할 수 있게 한다. 더 나아가 인공지능 로봇 교사는 개인별 맞춤형 교육을 가능케 할 전망이다. 2016년 구글에서 개발한 인공지능 알파고(AlphaGo)가 바둑 대결에서 이세돌 9단을 이기면서 인공지능에 대한 국민적 관심이 고조되었다. 기계학습과 딥러닝에 기반한 인공지능 기술은 학습의 모습을 바꿔놓을 것이다. 교사는 학생 개개인의 학습을 분석한 빅데이터 자료를 기반으로 인공지능을 활용하여 수업을 진행하고, 교과 이해도와 성취도를 고려한 문제를 제공하는 등 보다 효율적인 학습을 진행할 수 있다.

가상현실, 증강현실 기술은 몰입감, 상호작용 등 그 특징에 따라 생명, 화학, 물리의 위험한 실험이나 우주여행 같은 고비용의 체험할 수 없는 학습을 가능하게 함으로써 교육의 시·공간적 범위를 확대해 나가고 있다. 산업 현장에서는 실제와 같은 가상·증강 현실에서 훈련과 교육을 실시해 그 훈련 효과를 극대화하며 전문성 향상에 도움을 주고 있다.

서울대학병원은 스탠포드대학교와 공동으로 내시경 부비동(콧구멍이 인접해 있는 뼛속 공간, 코곁굴) 수술이 적합한 가상수술환경 시뮬레이터를 개발하여 의료진이 환자 수술에 들어가기 전 가상현실에서 훈련과 경험을 쌓는 데 활용하고 있다[7]. 미국 아나토마지(Anatomage)는 3D 기술을 활용해 의학, 생명, 바이오 분야 연구자들을 위해 가상해부 테이블을 개발하였다. 개발된 가상해부 테이블은 보스턴대학교를 포함해 미국 대학의 교육 현장에서 실제 시체를 해부하지 않고 인체 기관 속으로 들어가 인체 여행을 하면서 학습할 수 있는 가상현실로 활용하고 있다.[8] 미국 랍스터(Labster)는 100개 이상의 가상 실험을 개발해 생명, 화학, 물리 등 세계적인 공학 연구소 수준의 실험 교육을 대학을 포함한 세계 250개 이상의 교육기관에 제공하고 있다.[9]

블록체인은 4차 산업혁명의 핵심기술로 많은 산업에 투명성과 효율성을 제공하는 기술이다. 중앙집중적 기관의 도움 없이도 신뢰하는 데이터들을 저장하고 한 번 기록된 내용은 원천적으로 수정 또는 삭제를 할 수 없게 한다. 이 기술을 사용하여 국내외 언론에서 많이 지적되고 있는 학위 위조 문제를 해결할 수 있다[10]. 대학의 성적 또는 학위를 블록체인을 이용해 저장하면 누구도 그 정보를 조작할 없게 된다. 취업을 할 때 지원하는 기업에 학위증을 번거롭게 제출하지 않고 기업이 학위증을 직접 인터넷에서 확인할 수 있는 QR 코드만 편리하게 제공해도 된다.

이러한 지능정보 기술 발전은 사이버공간에서 시간과 공간의 제약에서 벗어나 실시간으로 학습할 수 있는 환경이 가능하게 만들었다. 특히 2020년 전 세계를 강타한 코로나19[11]는 기존의 물리적 공간이나 환경이 디지털 융합 기술에 의해서 새로운 공간 시스템으로 거듭나는 변화를 가속화하였다. 사이버 공간에서의 교육은 수업에 참여하는 사람들이 상호작용할 수 있는 기회를 제공한다. 특히 개인 학습자는 각자의 정보, 자료, 사고 등을 다른 수업참여자들과 공유함으로써 팀 과제나 협동 학습을 수행할 수 있으며, 상호작용의 기회를 제공함으로써 학습자 간에 협력하여 지식을 구성해 나갈 수 있도록 지원하는 형태로 발전되었다. 이렇게 온라인, 사이버 공간에서의 교육은 학습자가 원하는 다양한 공간에서 자유롭게 학습에 참여하는 것을 가능하게 하고, 인터넷을 기반으로 하는 글로벌 학습공동체 형성을 가능하게 하였다.

애리조나주립대학교는 eAdvisor 시스템[12]을 도입해 개별 학생의 학습을 관리하고 분석해 개인 성장과 학습 진도에 맞춤화된 피드백을 제공하고 있다. 대학 내 전문 컨설턴트들은 수집된 데이터를 기반으로 졸업에 요구되는 요건들을 사전에 모니터링하고, 학생들은 학사일정 및 졸업요건 충족을 위해 필요한 정보들을 실시간으로 피드백 받을 수 있게 되었다. 그리고 '적응적 학습 플랫폼(Adaptive Learning Platform)'을 활용해 대수학 과목 등에 플립드 러닝(Flipped Learning) 방식으로 수강 과목을 예비평가하고, 그 결과에 따라 학습 모듈을 제안하고, 완벽하게 개념을 숙지할 수 있는 온라인 코스를 제공하고 있다.

조지아공대 애쇽 고엘(Ashok Goel) 교수의 인공지능 조교인 질 왓슨(Jill Watson)은 학생들의 과제, 성적, 수업 관련 질문 등에 답변을 해주는 역할을 담당하고 있다[13]. 실제로 수강한 거의 모든 학생들이 질 왓슨이 인공지능이라는 것을 상당 기간 알아채지 못했다고 한다. 수강생이 많은 온라인 수업에서는 개별적으로 교수 및 조교에게 강의 내용, 강의 주제, 과제 제출 마감, 성적 등과 관련한 질문을 수시로 하게 된다. 인공지능 기술은 교육 관련 업무의 자동화로 처리 속도와 정확도를 높임으로써 언제 어디서나 신속하게 학생들의 요구에 대응할 수 있게 할 것이다.

구글 클래스룸(Google Classroom)은 과제를 쉽게 생성, 배포 및 채점하는 것을 목표로 학교를 위해 구글에서 개발하여 제공하는 무료 웹서비스이다[14]. 구글 클래스룸의 기본 목적은 교사와 학생 간에 파일을 공유하는 프로세스를 간소화한 것이다. 전 세계의 초·중·고 및 대학에서 약 2억 명이 클래스룸을 사용하는 것으로 추정되고 있다. 코로나19와 같은 언택트 시대에 원격으로 수업을 하는 교사들과 학생들에게 실제로 학교에서 대면으로 수업을 하는 것과 비슷하게 진행될 수 있도록 하는 데 많은 도움을 주고 있다.

코로나19 시대에 MOOC(Massive Open Online Courses) 기반으로 온라인 교육을 제공해온 대학들은 큰 문제없이 비대면 교육을 2020년 1학기에 시행하였다. 강의 동영상을 LMS 또는 무크 플랫폼에 올려 학생들에게 제공하는 방법으로 학생들이 언제 어디서나 온라인 플랫폼에 접속하여 학습할 수 있었다. 강의 동영상을 제작할 시간이 부족한 교수들은 화상회의 시스템(Zoom, WebEx, Vmeeting 등)을 사용하여 실시간으로 강의할 수 있었다. 또한 교수들은 학생들과 원격에서라도 만나기 위해 강의 동영상을 제공하는 동시에 실시간으로 수업 시간에 Q&A, 토론, 보충설명, 학생발표 등을 진행하기도 하였다[15].

이러한 기술 변화로 교육의 시·공간 경계가 불분명해지고 온라인, 사이버 교육 등 다양한 형태의 교육 모델이 만들어지고 있다. 인공지능, 빅데이터, AR·VR, 블록체인 등 4차 산업혁명 기술을 활용한 혁신적인 교육 시스템은 교수-학습활동뿐만 아니라 가르치는 사람의 역할에 대한 재정의를 요구하고 있다. 코로나19 팬데믹을 계기로 경직된 교육제도를 유연하게 만드는 제도 개선을 통해 교육의 뉴노멀 시대를 주도할 인재 육성 전략을 새롭게 수립해야 한다.

교육방법의 변화

기업들은 직무 수행에 필요한 지식과 기술을 가르치는 것이 대학교육의 의무라고 생각하면서도, 4차 산업혁명의 고용환경 급변 속에서 기업과 교육기관이 서로 다른 평행선을 달리고 있다고 지적하고 있다[16]. 무엇보다 K-Bio, K-Med 분야는 수요에 부응하는 인재 양성을 위해 무엇을 가르쳐야 하는가에 대한 논의를 넘어, 이제 인재들이 그 전문 분야를 연구해 나갈 충분한 융합 역량을 습득하고 있는가라는 관점에서 논의하고 대안을 마련하는 것이 중요한 시점이다.

앞서 설명한 바와 같이, 4차 산업혁명 시대에 인공지능, 빅데이터, AR·VR, 블록체인 등의 기술을 접목한 온라인 플랫폼은 대면을 통한 학습이 아니라 개인과 개인, 기관과 개인, 기관과 기관을 플랫폼으로 연결해 사이버 공간 안에서 학습하고 소통하는 등 다양한 배움의 기회를 제공해 주고 있다. 학생들은 언제 어디서나 실시간으로 학습 결과에 대한 피드백을 받고, 새로운 학습 과제를 부여받으며, 학습 의견을 개진할 수 있다. 이러한 혁신적 변화는 교수-학습활동에서 시간과 공간 등 물리적 제약이 사라지게 만들고 있다.

2000년 미국 MIT의 OCW(Open Course Ware)[17]를 시작으로 2012년 코세라(Coursera)[18], 에덱스(edX)[19], 유다시티(Udacity)[20] 등 웹서비스를 기반으로 한 플랫폼에서 온라인 공개강좌를 제공하고 있다. 국내에서는 2015년 국가평생교육진흥원 주관으로 K-MOOC 강좌를 개발하여 제공하기 시작했으며, 2020

년 현재 793개 강좌를 서비스하고 있다[21]. MOOC의 목적은 대중들에게 온라인 코스를 제공하고, 누구나 수강할 수 있도록 운영하는 것이다. 더 나아가 교육 현장에서는 MOOC를 활용한 블랜디드 러닝(Blended Learning), 플립드 러닝 방법이 개발되거나, 강좌를 수강한 후에 수료증을 인정받아 학점을 받는 방법으로 운영을 확대하고 있다. 애리조나주립대학교, UC 버클리대학 등은 인정 학점 범위는 다르지만 MOOC 강좌 수료를 학점으로 인정하고 있다. 국내에서는 최초로 포스텍에서 2016년부터 MOOC 수강을 강좌당 1학점씩, 전체 졸업이수 학점의 4학점까지 인정해주고 있다.

포스텍 스튜디오 블랙에서 강의하고 있는 홍원기 교수

이렇게 MOOC 강좌를 학점으로 인정하는 수준을 넘어 미국을 중심으로 여러 대학에서 온라인 기반의 교육으로 학점을 인정하거나 온라인으로만 운영하는 프로그램이 생겨나고 있다. 가장 우수하면서도 성공적인 프로그램은 조지아공대의 온라인 컴퓨터 사이언스 석사(OMSCSOnline Master of Science in Computer Science) 프로그램이라 할 수 있다.[22] 조지아공대는 미국 톱10 대학으로 컴퓨터 사이언스 오프라인 프로그램에 90명씩만 입학시켰는데 2013년부터 온라인 프로그램을 시작하여 현재는 거의 1만 명에 이르는 학생들이 전 세계에서 수강하고 있다. 학비도 오프라인 프로그램에 비해 훨씬 더 저렴하다. 이 프로그램의 수강자는 기업에서 엔지니어로 현직에 있는 사람들이 많다. 일을 하면서 한 학기에 1~2과목씩 수강을 하며 저녁에 또는 주말에 공부를 하면서 석사학위를 받을 수 있다.

그렇다고 수업의 내용이나 질이 오프라인 프로그램의 수업들보다 절대로 떨어지지 않는다. 같은 교수들이 같은 내용의 수업과 과제, 프로젝트와 시험을 온라인으로 원격에서 진행하는 것이다.

예일대학교 의과대학은 PA(Physician Assistant) 석사과정을 온라인으로 운영하고 있다[23]. 예일대 교수가 가상공간에서 라이브 수업으로 기초학문을 가르치고, 학생들은 환자 중심의 의료 전문가가 되도록 설계되어 있다. 교육과정에서는 환자와 의사를 소통하고, 다른 의료 전문가와 협력하고, 최신 연구 및 방법론 이해를 통해 질병을 진단·치료할 수 있는 능력을 함양한다. 지역사회 내에서 임상 훈련을 하며, 동료나 교수들과 관계를 구축할 수 있는 기회도 제공한다.

이와 같이 학습자가 원하기만 하면 양질의 교육을 받을 수 있는 시대가 되었다. 미래사회에는 시간과 장소에 구애받지 않고 언제 어디서나 학습할 수 있는 기회가 확대될 것이다.

일리노이대학교 회계학 온라인 석사 프로그램(iMSA)[24]은 실무관련 능력과 경험을 집중적으로 향상시킬 수 있는 프로그램이다. 온라인으로 수강할 수 있는 동영상 강의 외에도 온라인 교실을 통해 교수진들과 실시간으로 토론을 할 수 있다. 수업은 동영상 강의를 시청하고 필기를 하는 것이 아니라, 회계업계의 실제 사례들을 통해 이루어지고 자신의 아이디어를 다른 학생들과 함께 의논하며 공부할 수 있다. 코스 중간에 동료들과 팀 프로젝트를 진행하게 된다. 팀 프로젝트를 진행하는 동안 수업에서 얻은 정보와 자료들을 직접 적용해 보며 동료들과 교류할 수도 있다.

조지아 공대 온라인 컴퓨터사이언스 석사과정 홈페이지

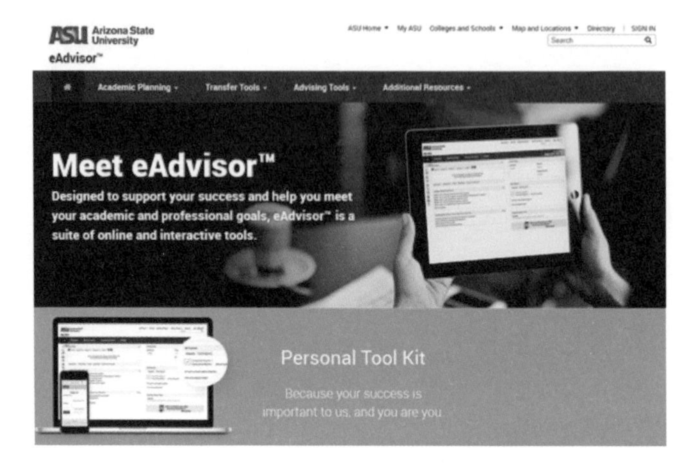

예일대 의과대학 PA 석사과정 홈페이지

iMSA은 100퍼센트 온라인상에서 일리노이대학교 교수진으로부터 교육을 받지만, 궁극적으로는 관련 기업의 실무자들에게 배우고 더 나아가 그들과 교류할 수 있는 네트워크 환경을 제공해 준다.

2014년 벤 넬슨(Ben Nelson)이 설립한 미네르바 스쿨(Minerva School)은 최근 가장 혁신적인 대학으로 손꼽히고 있다. MIT보다 입학하기 어려운 대학으로 전 세계 많은 학생들이 입학을 선호한다. 온라인 강의 플랫폼(Active Learning Forum)을 활용해 100퍼센트 온라인으로 수업을 진행하고 있다[25]. 수업은 학생들이 강의 시간에 지정된 장소에 모이는 것이 아니라 정해진 시간에 어디에서나 온라인에 접속해 미리 준비해 온 주제로 토론을 하는 방식으로 이루어진다. 이 학교는 강의실도 도서관도 없다. 학생들은 샌프란시스코, 서울, 하이데라바드, 베를린, 부에노스아이레스, 런던, 타이베이를 방문해 몇 개월씩 지내면서 그 지역의 기업 프로젝트를 수행하며 자신의 역량을 갖추어 나간다.

이러한 사례들은 미래사회가 필요로 하는 산업과 연구 현장에 대한 경험, 복합적 문제해결 역량과 창의성을 지닌 인재를 양성하기 위해서는 지식 전달 형태의 기존 학습보다는 이론적 지식 습득, 연구 참여와 더불어 기업 프로젝트 기반의 활동과 경험이 강조되고 있다는 것을 보여준다.

미국 올린공대는 기반(Foundation), 전문화(Specialization), 실현화(Realization) 과정에 따라 강의 형태의 수업보다는 연구 프로젝트 수행을 확대해가는 형태의 수업으로 운영하고 있다.[26] SCOPE(Senior Capstone Program in Engineering)는 기업 컨설팅 프로젝트에 적용할 수 있는 리더를 양성하고자 개발되었다. SCOPE는 배운 지식을 기반으로 실제 기업이 당면한 문제를 해결해 나가는 프로젝트로, 1~4학년 학생들이 팀을 이루어 특정 회사의 실제적인 문제들을 해결하기 위한 혁신적인 솔루션을 제공하는 데 목적이 있다.[27]

캐나다 워털루대학의 코업(Co-op)은 정부, 대학, 기업이 협력하여 운영하는 프로그램으로, 학생들은 학교에서의 수업 학기와 기업에서의 인턴십 학기를 번갈아가며 4년 8개월 만에 졸업한다.[28] 졸업 때까지 4개월씩 여섯 번 취업 학기를 거치며 기업에서 실무경력을 쌓는다. 대학에서는 코업 프로그램 전담 기구를 두고 학생들이 인턴십 잡(job)을 잡을 수 있도록 지원하고 있다. 워털루대학 공대 학생들은 100퍼센트 코업에 참여하고 있다. 대학을 졸업할 때는 이미 24개월 동안 기업에서의 경력을 갖게 되고, 졸업생의 98퍼센트가 졸업을 하면서 바로 취업을 한다. 코업 프로그램에 있는 학생들이 창업을 하기도 한다. 학생 창업의 대표적 성공 사례는 블랙베리(Blackberry, 애플의 아이폰이 나오기 전 세계 스마트폰 시장을 휩쓸었다)와 조 단위의 매출을 내는 오픈 텍스트(OpenText)이다. 워털루대학의 이과 문과 분야 학생들도 3분의 2 이상이 코업에 참여하고 있다. 약학전문대학에도 코업이 적용이 되고 있다.[29] 학생들은 코업을 통해 병원약국, 제약회사, 일반약국, 요양원 등에서 세 번 인턴십으로 일하며 경험을 쌓는다.

포스텍은 대학, 기업, 기관이 함께 하는 하계 사회경험 프로그램 SES(Summer Experience in Society)를 운영하고 있다.[30] SES는 여름방학 동안 전공과 관련된 산업 및 연구 현장에서의 다양한 경험 개발을 위해 제공하는 인턴십 프로그램이다. 그 목적은 산업과 연구 현장에 대한 경험을 통해 복잡한 문제해결 역량과 창의성을 지닌 글로벌 리더를 양성하고, 이를 바탕으로 장기적 커리어 개발을 지원하는 데 있다. 학생들은 인턴십을 통해 실무와 기업 생활에 대해 배우고, 기업과 연구소의 특성에 대해 이해하여 실무 관련 지식과 능력을 습득하게 된다.

워털루대 코업 프로그램 홈페이지

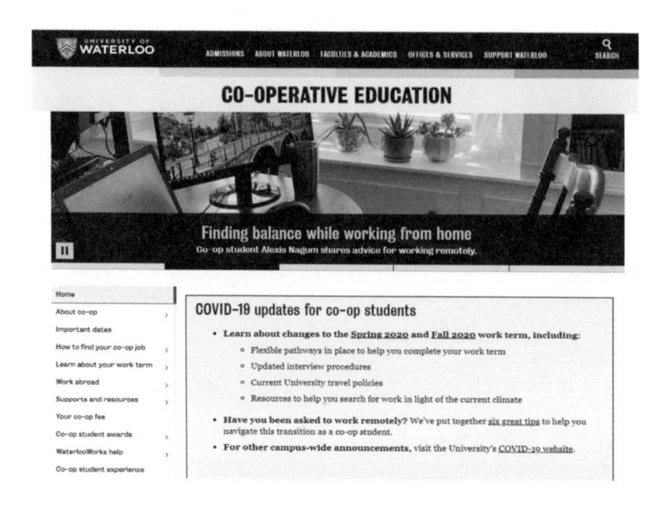

포스텍 하계 사회경험 프로그램 홈페이지

4차 산업혁명 기술을 기반으로 초연결·초지능 사회가 되면서 현실과 가상의 경계가 없이 언제 어디서나 교육이 가능해진 가운데 개인 맞춤형 교육을 제공하려는 노력이 활발해지고 있다. 많은 대학과 기업이 직장 경험과 학문 연구를 유기적으로 교류할 수 있는 교육 프로그램을 운영하고 있는 것이다.

이러한 시스템은 바이오 분야 인재 육성에 그대로적용될 수 있다. K-Bio, K-Med를 이끌 인재 양성 교육도 튼튼한 기초 학문지식 습득과 함께, 주어진 문제를 해결하는 것이 아니라, 실제 현장에서 문제가 무엇인지 찾고 자기 주도적으로 해결하는 경험을 완성시켜 나가는 교육 프로그램을 갖춰야 한다.

한국 바이오 사이버 아카데미 모델을 위한 제언

'사이디오 시그마'는 4차 산업혁명 시대에 급변하는 환경에 대비해 창의성, 협력, 융합 역량을 갖춘 인재 육성을 위한 글로벌 교육 환경 변화에 즉시 적응할 수 있는 적시성 교육(just in time education)으로 교육 시스템을 전환하고, 인재들이 자신의 역량을 평가하고 부족한 역량을 개발해 나갈 수 있도록 글로벌 바이오 전문 아카데미를 설립할 계획이다. 바이오 기업들이 지향하는 핵심 역량을 습득할 수 있도록 지식, 학문 중심의 교육에서 바이오 메디컬 분야의 인재 역량을 계발할 수 있는 형태로 교육과정을 재설계하려는 것이다.

무엇보다 인재 역량 계발이라는 관점이 중요해 보인다. 4차 산업혁명 시대의 인재들은 참신한 아이디어를 구체화하거나 어려운 문제를 해결하는 과정에 시행착오를 거듭하면서 다양한 생각과 다양한 전공 분야를 융합해 새로운 가치를 창출할 수 있어야 하고, 그 경험을 통해 더 깊은 철학적 사고를 함양할 수 있어야 한다. 따라서 교육 프로그램은 바이오신약 개발뿐만 아니라 윤리, 제도, 법, 헬스케어 시스템, 경제 등을 함께 다루는 방향으로 나아가는 것이 바람직하다. 많이 아는 것만 추구하는 표층학습(surface learning)으로부터 많이 알면서 동시에 깊이 알고 새로운 성과를 만들어낼 수 있는 능력을 길러주는 심층학습(deep learning)을 지원해야 한다.[31]

심층학습의 한 방법으로는 인재들이 수업에서 배운 개념과 원리를 실제 현장에 적용해볼 수 있는 기회를 제공하는 형태인 현장 중심의 프로젝트 운영을 권장한다. 이것은 복잡한 사회적 이슈와 문제를 학습 내용으로 다루면서 그 해결 방안에 대해 개별 또는 소그룹 활동으로 탐색하고 진행하는 교육 시스템이다. 제약바이오 기업들과 연계된 병원, 보건기관, 연구기관 등이 캠퍼스가 되는 R&D 인턴십을 통해 프로젝트를 수행하면서 역량을 키워 나갈 수 있도록 개방형 협력을 활성화해야 한다.

코로나19 팬데믹으로 각국 기업들은 주요 산업 인력을 복귀시키거나 원격 화상회의를 통해 업무를 추진하는 것이 일상이 되었다. 앞서 기술한 바와 같이 인공지능, 빅데이터, AR·VR, 블록체인 등 지능정보기술이 발달해 교실 공간의 한계를 넘어 온라인, 사이버 공간에서 개인별 맞춤형 학습으로 역량 개발을 지원하는 온라인 플랫폼 기반의 교육이 가능해졌다.

한국 바이오 사이버 아카데미는 탄탄한 전문 교육 콘텐츠를 활용하여 온라인 플랫폼을 기반으로 전 세계 어디에서나 접속하여 수강할 수 있는 운영 체계를 갖춰야 할 것이다. 포스텍에서 개발해 운영하고 있는 SmartLearn[32] MOOC 플랫폼에 Vmeeting[33] 같은 실시간 화상회의 시스템을 접목시켜 토론, 발표, 강의를 진행할 수 있다. 이러한 온라인 환경의 교수-학습활동은 일방적 강의 진행 방식이 아니라 수업과 연계된 주제를 중심으로 상호 의견을 나누는 등 적극적인 수업 참여를 유도할 수 있게 된다. 특히 학생들이 팀별 프로젝트를 온라인 상에서 진행하고, 교수와의 비대면 온라인 미팅을 통해 프로젝트를 수행해 나갈 수 있다.

연구 실험은 실제 실험과 동일한 환경에서 시뮬레이션할 수 있도록 VR 기반의 가상 실험실을 구축할 수 있다. 농림축산식품부(2020)에 따르면, 2019년 동물 실험은 총 371만2,380마리였는데, 법적인 요구사항을 만족하기 위한 규제 시험 39.6퍼센트, 기초 연구 30.5퍼센트, 중개 및 응용연구 20.1퍼센트로 전체 동물 실험의 90.2퍼센트를 차지했으며, 매년 증가 추세에 있다.[34] 이것은 동물보호의 윤리적 문제가 대두할 수 있다는 가능성을 보여준다. 이 문제를 해결해줄 수 있는 것이 가상 실험실 운영이다. 가상 실험실은 단순한 시뮬레이션이 아니라 예측을 가능하게 하며 위험한 실험에 대한 안정성을 담보함으로써 글로벌 바이오 분야를 선도하는 데 기여할 수 있다.

가상 실험실은 최첨단 R&D 프로젝트로 고가 연구 장비를 접할 수 있고, 언제든지 실험실을 이용할 수 있다는 장점이 있다. 실험실 중심의 연구 프로젝트 운영을 위한 물리적 공간을 넘어 어디서든지 실험할 수 있도록 가상 실험실 구축을 실현해 나가야 한다. 이러한 혁신적 교육 체계는 미래사회에 필요한 바이오 분야의 인재들을 지속적으로 양성할 수 있을 것이다.

그리고 오픈 이노베이션을 지향해야 한다. 이것은 기업이 내부뿐만 아니라 외부(타 기업, 대학, 연구소 등) 아이디어를 이용해 기술을 발전시킬 수 있는 혁신 이론이다. 미국에 훌륭한 모델이 있다. MIT, 하버드대학교, Massachusetts General Hospital 등을 주축으로 대학 시설이 주변 켄들 스퀘어(Kendall Square) 지역으로 확장되면서 그곳은 대학과 연계한 생명과학, 약학 분야 신기술의 세계적인 허브로 성장해 있으며, 아마존 등 글로벌 기업과 기술기반 스타트업, 연구기관들이 함께하고 있는 시애틀의 사우스 레이크 유니온(South Lake Union) 지역은 생명과학 분야와 클라우드 기술의 혁신 공간으로 경쟁력을 갖추고 있다.[35]

포항은 포스텍, 3세대·4세대 방사광가속기, 바이오오픈이노베이션센터, 인공지능대학원, 인공지능연구원, 한국로봇융합연구원, 나노융합기술원, 막스플랑크연구소, 크립토블록체인연구센터, 한동대 등 양질의 풍부한 인적 자원과 높은 기술력으로 R&D 인프라를 보유하고 있으며, 21세기 지식정보화 시대에 걸맞은 첨단과학기술도시의 기반을 조성하고 지역 자립경제의 실현에 기여하는 지역 밀착형 산업기술단지로서 민간 주도로 운영되고 있다. 그리고 포스텍은 산학협력 및 중소벤처 육성 시스템을 통해 노브메타파마의 인슐린 저항성 개선 당뇨병 치료기술, 신풍제약의 수술 후 유착방지제, 제넥신의 항체융합단백질 및 면역치료 기술, 티앤알바이오팹의 3D 세포 프린팅 기술 등을 성공적으로 이전한 노하우를 바탕으로 혁신 기업과 함께 혁신 성장 생태계를 만들어 교류와 소통의 개방형 공간을 구축하고자 한다.

한국 바이오 기업들에게는 국내외에서 축적한 글로벌 네트워크를 기반으로 K-Bio, K-Med를 이끌어 나갈 인재 육성을 위해 더 큰 혁신을 시작할 골든타임이 지금이라고 생각된다. '사이디오 시그마'의 사이버 에듀케이션은 그 기회를 포착한 것으로 생각된다. 포스텍 연구 단지의 첨단 인프라와 우수한 연구 인력을 바탕으로 바이오 분야의 인재들을 체계적이고 융합적으로 육성하는 가운데 연구 성과를 창출하면 한국 바이오가 글로벌 리더로 성장해 나가는 새로운 토대가 될 것이다.

참고 문헌

1) World Economic Forum. The 10 skills you need to thrive in the Fourth Industrial Revolution. https://www.weforum.org/agenda/2016/01/the-10-skills-you-need-to-thrive-in-the-fourth-industrial-revolution/

2) Barbara Bray(2019). Skills and Dispositions Needed for the Future, https://barbarabray.net/2019/07/15/skills-and-dispositions-needed-for-the-future/

3) Stanford(2025). Axis Flip, http://www.stanford2025.com/axis-flip

4) Schwab, K. (2016). 클라우드 슈밥의 제 4차 산업혁명, The fourth industrial revolution, 송경진 역, 서울: 새로운 현재.

5) 박종현 외(2014). 사물 인터넷의 미래, 서울: 전자신문사.

6) 한국일보(2019). https://www.hankookilbo.com/News/Read/201901281476324702

7) 연합뉴스(2018). 축농중 수술: 가상현실로 리허설한다, https://www.yna.co.kr/view/AKR20180312097500017

8) Anatomage(2020). Anatomage Table, https://www.anatomage.com/gallery/

9) Labster. https://www.labster.com/about/

10) Joeri Cant(2019). 스위스 대학, 블록체인 기술로 졸업장 위조 방지, https://kr.cointelegraph.com/news/swiss-university-fights-fake-diplomas-with-blockchain-technology

11) COVID-19 pandemic. https://en.wikipedia.org/wiki/COVID-19_pandemic

12) Arizona State University(2020. eAdvisor 시스템, https://eadvisor.asu.edu/

13) Geogia Tech(2020). Jill Watson, an AI Pioneer in Education, Turns 4, https://ic.gatech.edu/news/631545/jill-watson-ai-pioneer-education-turns-4

14) Google Classroom. https://edu.google.com/intl/ALL_kr/products/classroom/?modal_active=none

15) e-대학저널(2020). 아주대 포스트 코로나 대학교육 혁신 포럼 개최, http://www.dhnews.co.kr/news/articleView.html?idxno=126017

16) 이정민(2019). 4차 산업혁명을 대비하는 미국 대학과 기업의 교육 혁신, Kotra 해외시장뉴스https://news.kotra.or.kr/user/globalBbs/kotranews/782/globalBbsDataView.do?setIdx=243&dataIdx=17688

17) MIT Open Course Ware. https://ocw.mit.edu/

18) Coursera. https://www.coursera.org/

19) edX. https://www.edx.org

20) Udacity. https://www.udacity.com

21) K-MOOC. http://www.kmooc.kr/

22) Georgia Tech. College of Computing. https://omscs.gatech.edu/

23) Yale University. https://paonline.yale.edu/

24) University of Illinois at Urana-Champaign. https://onlinemsa.illinois.edu/

25) Minerva School. https://www.minerva.kgi.edu/academics/student-achievement/http://www.olin.edu/collaborate/scope/

26) Somerville, M.(2005). The Olin Curriculum: Thinking Toward the Future, IEEE Transaction on Education, 48(1), 198~205.

27) Olin college of Engineering. Senior Capstone Program in Engineering,

http://www.olin.edu/collaborate/scope/

28) University of Waterloo. Co-op Programs. http://www.olin.edu/collaborate/scope/

29) University of Waterloo. School of Pharmacy Co-operative Education. https://uwaterloo.ca/pharmacy/co-op-rotations-csl/co-operative-education

30) 포스텍, 대학과 기관이 함께하는 사회경험 프로그램, http://www.postech.ac.kr/campus-life/student-activities/ses/

31) 이현청(2019). 4차 산업혁명과 대학의 미래, 서울: 학지사.

32) SmartLearn. https://smartlearn.io

33) Vmeeting. https://vmeeting.io

34) 농림축산식품부(2020). 2019년 실험동물 보호·복지 관련 실태조사 결과. 2020년 6월 16일 보도자료.

35) 정미애, 김형주(2017). 도시형 혁신공간의 부상과 동향, 동향과 이슈, 제40호, 과학기술정책연구원.

제2장

디지털 바이오
Digital Bio

백재현·이정민

백재현 Jea-Hyun Baek

독일 아헨공과대학교 분자면역학 박사

현재, 한동대학교 생명과학부 조교수

주요 논문: 「The Impact of Versatile Macrophage Functions on Acute Kidney Injury and Its Outcomes」, 「Deletion of the Mitochondrial Complex-IV Co-factor Heme A: farnesyltransferase Causes Severe FSGS and Interferon Response」 등

이정민 Jung Min Lee

서울대학교 이학 박사

현재, 한동대학교 생명과학부 교수

주요 논문: 「CRISPR/Cas9-mediated PMP22 downregulation ameliorates the phenotype in a rodent model of Charcot-Marie-Tooth disease type 1A」, 「 CRISPR/Cas9-mediated therapeutic editing of Rpe65 ameliorates the disease phenotypes in a mouse model of Leber Congenital Amaurosis」 등

디지털 바이오

디지털 바이오를 얘기하기 전에 우선 디지털 바이오의 근간이 되는 '바이오'와 '바이오헬스케어'의 개념부터 정확하게 짚어볼 필요가 있겠다. 박종호, 임정희는 "바이오는 사람을 포함한 생물체뿐 아니라 유전정보 등 유형 및 무형의 바이오 자원을 기반으로 융합기술이 적용된 다양한 제품과 서비스로 구성된 산업이며, 헬스케어는 질병 치료와 건강 유지를 위해 전문인이 제공하는 의료 서비스를 일컫는다."[1]고 정의했다.

바이오는 다시 레드 바이오(의료·제약), 그린 바이오(농업·식품), 화이트 바이오(산업), 융합 바이오 등으로 나눌 수 있으며, 융합 바이오란 레드·그린·화이트의 전통적인 바이오 분야에 센서나 유전자 분석을 비롯한 다른 기술과의 융합을 통해 새로운 가치를 창출하는 분야이다.

1. 박종호, 임정희, 『대한민국 미래경제를 살릴 바이오헬스케어』, 새빛, 2016, 39쪽.

헬스케어는 '질병 치료와 건강 유지를 위한'이라는 단서를 달고 있지만, 일반적으로 의료 서비스를 말한다. 산업적으로 생각한다면, 중국인들을 비롯해 미용·성형이나 치료를 목적으로 우리나라를 방문하는 의료관광을 떠올리면 된다. 최근 의료관광은 K-pop으로 불리는 한류의 인기와 함께 더욱 증가하고 있는 추세이다. 과거에는 의료 서비스가 자국민을 대상으로 하는 치료에 목적을 두었다면, 이제는 글로벌 시장에서 미용·성형뿐 아니라 다양한 치료 분야에 최고 수준의 의료 서비스를 제공하며 다른 산업과 함께 가치를 창출하고 있는 양상이다.

바이오헬스케어는 4차 산업혁명을 대표하는 키워드가 되었다. 전 세계 각국은 이 분야에서 주도권을 잡기 위해 소리 없는 전쟁을 하고 있다. 인구 고령화와 건강 수요 증가로 인해 전 세계 바이오헬스케어 분야는 비약적으로 성장하고 있다. 산업은행 등이 발표한 자료에 따르면, 2030년까지 바이오헬스케어 분야의 성장률은 4.0퍼센트로, 자동차산업 1.5퍼센트, 조선산업 2.9퍼센트의 성장률과 비교하면 꽤 높은 편이다. 또한 생산량이 10억 원 증가할 때의 고용효과도 바이오헬스케어 분야가 16.7명으로 전 산업 평균 8.0명에 비해 훨씬 높게 나타난다.

미국은 바이오헬스케어 분야에서 주도권을 잡기 위해 2015년 정밀의료 이니셔티브 계획에서 암 치료법 개발, 연구 코호트 구축 등 대규모 정밀의료를 위한 연구계획을 제시하였고, 2016년 '21세기 치유법 발표(21st Century Cures Act)'에서 환자 의료데이터 공유·분석 등에 관한 계획을 발표하였다. 영국은 세계 최대 규모 빅데이터(500만 명) 구축을 추진하고 있으며, 일본은 2017년 미래투자전략에서 건강 수명 연장을 5대 신성장 전략 분야의 하나로 제시하고 주로 데이터 활용기반 구축, 재생의료 및 인공지능 개발·실용화와 관련된 투자를 확대하고 있다. 중국은 바이오의약품, 첨단의료기기를 10대 육성 분야로 선정·지원하는 '2025 계획'을 발표하고 특히 의료용 로봇, 웨어러블 기기, 3D 프린터 개발 등을 중시하고 있다.

세계 주요 국가에서 제시한 바이오헬스케어 분야 계획의 특징은 전통적인 생명공학 기술을 이용한 바이오헬스케어 분야와 디지털을 결합시킴으로써 새로운 영역과 가치를 확장하고 있는 것이다. 여기서 등장한 신개념이 '디지털 바이오'이다. 이는 생명공학 분야가 디지털과의 결합을 통해 바이오헬스케어 분야에서 새로운 가치를 만들어내는 것을 의미한다. 이 가치란 바이오헬스케어 분야에 필요한 결과를 만들어내는 과정에서의 혁신, 결과를 가공하고 소비자에게 제공하는 과정에서의 혁신, 그리고 윤리적 이슈에 대응하기 위한 결과의 암호화 보존 등이다.

2019년 글로벌 컨설팅기업인 딜로이트(Deloitte)는 「2019 생명과학 전망 보고서」에서 인공지능, 의료사물인터넷(Internet on Medical Things, IoMT), 의료용 소프트웨어(Software as a Medical Device, SaMD), 블록체인의 디지털기술이 바이오헬스케어 분야와의 결합을 통해 바이오헬스케어 분야의 디지털 전환을 촉진할 것이라고 전망하였다.

이 글에서는 디지털화가 불러온 생명과학의 변화 양상부터 정리한 다음에 바이오헬스케어의 디지털 전환을 촉진하는 부문별 디지털 테크놀로지와 디지털 바이오의 발전 방향을 살펴보기로 한다.

디지털화가 불러온 생명과학의 변화

현대 생물학은 기본적으로 분자생물학을 바탕으로 하고 있다. 이는 생명현상을 분자 수준에서 해명하는 학문으로서 생화학, 세포생물학과 함께 제약·의료·식품·농업분야 연구 및 산업의 기초가 되고 있다. 분자생물학은 캐나다 의과학자인 오스왈드 에이버리(Oswald Avery)가 1944년 신체의 정보가 저장된 디옥시리보핵산(deoxyribonucleic acid)인 DNA의 유전성을 발견하고 1953년 영국의 두 과학자 와트슨(Watson)과 크릭(Crick)이 DNA의 구조를 규명함으로써 본격적으로 시작되었다고 볼 수 있다. 분자생물학의 역사는 흥미롭게도 대한민국의 역사와 나이가 비슷하다.

DNA 구조 규명 후 반세기가 흘러 생명과학 역사에 또 다른 혁명적 사건이 일어났다. 이는 2003년에 완성된 인간 유전체의 분석을 목표로 한 인간 게놈 프로젝트(Human Genome Project)이다. 이 프로젝트는 약 3조 달러, 13년의 기간이 소요된, 당시 역대 최대의 다국적 협력 생명과학 프로젝트였다. 여기서 만들어낸 데이터는 곧 디지털화되었고, 인터넷을 통해 전 세계에 공유되었다. 이러한 거대 프로젝트가 성공할 수 있었던 이유는 분석기술의 발전, 컴퓨터와 인터넷이라는 새 도구와 매체의 출현이었다. 인간 게놈 프로젝트는 생명공학과 정보기술이 융합하는 중요한 계기가 되었고, 생명현상을 복합체로 규정하고 빅데이터를 기반으로 한 시스템 생물학이라는 새로운 생물학 분야를 탄생시켰다.

현재 4차 산업혁명은 인공지능, 빅데이터 등 디지털기술이 사회 전반에 융합돼 큰 변화를 일으키고 있다. 데이터 처리와 의사결정에 많은 도움을 주는 인공지능이 인간 능력의 한계를 뛰어넘어 복잡한 생명 구조를 규명하는 데 크게 기여하는 가운데 생명과학은 4차 산업혁명에 편승해 다시 도약을 준비하고 있다. 20세기의 생명과학과 21세기의 데이터 기반 생명과학의 차이를 꼽자면 다음과 같다.

첫째, 20세기 생명과학에서 각 연구 프로젝트가 하나의 변수에 집중하고 변수가 시스템 전체에 미치는 영향을 분석했다면, 21세기 데이터 기반 생명과학은 다수의 변수를 동시에 분석하고 그들의 상관관계를 규명한다. 또한 데이터 기반 생명과학은 다양한 데이터베이스를 조합하고 다차원적으로 분석해 빠르고 정확한 진단 및 해결책을 제시할 수 있을 뿐만 아니라, 새로운 차원의 예방 및 치료법을 제공하고 신약 개발의 목표 설정에서 큰 역할을 할 수 있다.

둘째, 20세기 생명과학이 인간의 지식과 사고능력의 틀 안에 머물렀다면, 21세기 데이터 기반 생명과학은 인간의 능력으로 처리할 수 없는 광범위한 양의 데이터를 다루고 광범위한 데이터 분석을 통해 개체 간 차이, 환경 조건이나 건강 상태에 따른 변화 등을 정확히 짚어낼 수 있다.

디지털화된 생명과학의 가능성을 시사하는 일례로 2019년 개발된 치료제 밀라센(Milasen)을 들 수 있다. 밀라(Mila)라는 한 소녀가 배튼 병(Batten disease)이라는 희귀 유전질환을 앓고 있었다. 과학자들은 새로운 염기서열 분석기술을 활용한 밀라의 전장 유전체(whole genome) 분석을 통해 단백질 합성에 관여하지 않는 유전자위(locus)인 인트론 내 돌연변이가 희귀질환을 일으킨다는 사실을 밝혀내고 치료제 개발에 착수해 마침내 환자의 이름을 딴 '밀라센(Milasen)'이라는 치료제를 만들어냈다. 이 신약 개발에는 세상을 놀라게 하는 두 가지 이유가 있었다. 단 한 사람을 위한 치료제가 개발되었다는 사실과, 돌연변이 발견 후 FDA의 승인을 포함한 치료제 개발 완료까지 역대 최단기간인 단 10개월밖에 걸리지 않았다는 사실이다. 이것은 디지털화된 생명과학에 의한 신약 개발의 패러다임 변화를 시사하는 중요한 사건임에 틀림없었다. 21세기 데이터 기반 생명과학은 기존 절차를 간소화하고 분석 데이터양의 증가로 저비용과 높은 정확도의 신약 개발을 가능케 함으로써 진정한 맞춤의학과 정밀의학의 시대를 열었다.

셋째, 20세기 생명과학 연구가 주로 실험실 안(wet lab)에서 이루어졌다면, 21세기에는 컴퓨터를 사용한 가상실험(dry lab)이 중요한 위치를 차지할 것이다. 컴퓨터를 사용한 가상환경에서의 인실리코(In silico) 연구는 생물의 다양성과 복잡성으로 가려진 생물학적 법칙과 기전의 규명뿐만 아니라 신약 개발에도 투입되고 있다. 이미 빅데이터 시대가 도래하여 현대인은 데이터 홍수시대에 살고 있다. 인실리코 연구는 앞으로 더욱 활성화되고 중요한 위치에 놓일 것이 분명하며, 4차 산업혁명 시대의 인공지능 기술과 결합해 더 큰 도약을 이룰 것이다.

넷째, 20세기 생명과학과 비교해 디지털화된 21세기 생명과학의 장점은 확장성이다. 디지털기술의 특징은 연결과 융합이다. 기존 기술이 프로토콜과 절차를 중시했다면, 디지털화된 기술은 정보를 수집하고 융합해 새로운 의미를 창조하는 데 초점을 둔다. 따라서 새로운 데이터와의 융합은 이질적이지 않다. 사물과 사물, 사물과 인간, 인간과 인간을 연결하는 새로운 기술이 융합될 것이다. 인공지능은 심층학습(deep learning)을 통해 정보를 모아 분석·학습하며 진화된 판단을 신속하게 제공해 생물학적 정보의 융합 과정에서 중요한 도구로 자리매김할 것이다.

다섯째, 20세기 생명과학과 비교해 디지털화된 생명과학의 특징은 개방성이다. 디지털 시대의 도구와 데이터는 쉽게 공유될 수 있다. 디지털화된 데이터는 복사와 전송이 수월하고, 인터넷과 유사 플랫폼에 업로드된 데이터는 여러 사람이 접근할 수 있다. 빅데이터 시대에 들어서 공동으로 연구하는 네트워크 연구가 활성화되었다.

디지털 바이오의 현황

2019년 우리나라 정부가 발표한 바이오헬스케어 산업의 혁신 전략을 요약해보면, 혁신 신약·의료기기 분야에서 세계시장 점유율을 2018년 1.8퍼센트에서 2030년 6퍼센트로 3배 확대하고, 바이오헬스케어 산업을 5대 수출 주력산업으로 육성해 2018년 144억 달러 규모의 수출액을 2030년 500억 달러까지 증가시키며, 2018년 87만 명의 일자리를 창출하는 것에서 2030년 관련 분야 117만 명의 일자리를 창출하겠다는 목표를 세우고 있다. 재원으로는 2025년까지 정부 R&D 예산을 4조 원 이상으로 확대하겠다고 공약하고, 기술개발의 주요 과제로는 5대 빅데이터 플랫폼 구축과 병원 혁신 거점화를 지목하였다. 100만 명 규모의 국가 바이오 빅데이터 플랫품을 구축하여 신약 개발을 통한 질병 극복과 산업발전 기반을 마련하며 희귀난치질환 원인 규명, 개인 맞춤형 의료를 통한 난치성 질환 극복 연구에 활용하겠다는 것이다. 또한 국내에 거주하는 외국인 200만 명을 통해 글로벌 유전체 데이터를 구축하여 빅데이터 분야에서 범아시아를 선도하겠다는 청사진도 공표하였다. 이 프로젝트의 핵심에는 디지털 바이오가 있다. 디지털 바이오 분야를 이해하고 활용하는 것이 국가와 지역, 기업이 나아가야 할 방향이다.

디지털 바이오의 발전을 촉진하는 여러 기술의 현황을 살펴보면 다음과 같다.

먼저 인공지능(AI)을 보자. 2020년 국가항암신약개발단에서 발표한 『기술&시장동향 리포트』(김남두 저)에는, 인공지능이 질환 치료제에 대한 신규 표적 발굴, 검증, 신약 설계, 최적화, 약물 재창출, 생물의학 정보 수집 및 분석, 화합물에 대한 합성 경로 예측, 약리학적 특성 예측, 약물의 효능 예측 등에 사용될 수 있으며, 인공지능 활용 시 후보물질 개발 비용과 시간을 1/2~1/4 수준으로 감소시킬 수 있다고 보고되었다.

일본 기업 히타치는 인공지능 기반의 신약 개발을 위한 바이오 마커 탐색 서비스를 시작하였다. 뇌의 학습 메카니즘을 모방한 머신러닝 기법을 사용해 신약 개발 기간을 단축하는 것을 목표로 하는 히타치는 자사의 IoT 플랫폼 루마다(Lumada)에 인공지능 바이오 마커 탐색 서비스를 추가해 발전시키고 있다.

인공지능과 신약 개발

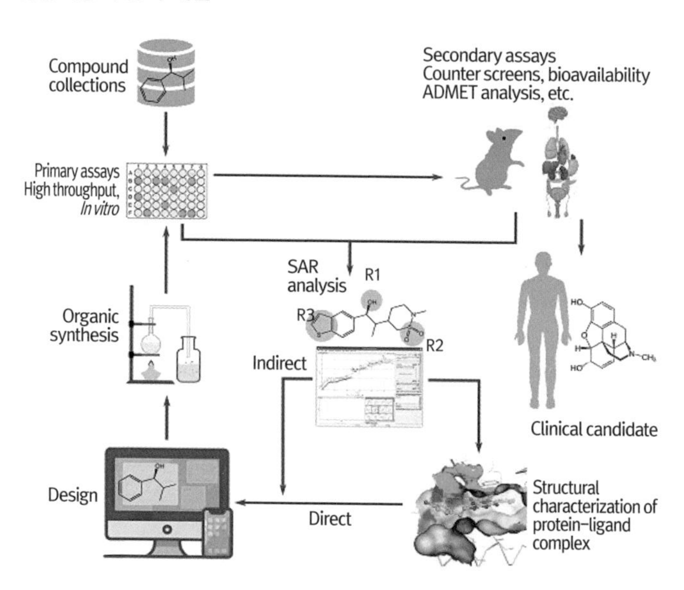

출처: Trends in Pharmacological Sciences(2019)

대웅제약의 경우, 미국 바이오기업인 A2A 파마(A2A Pharmaceuticals, Inc)와 함께 항암 신약 공동연구개발을 위한 파트너십 계약을 체결하고, 이 계약을 통해 A2A는 인공지능이 결합된 신약 설계 플랫폼인 SCULPT를 활용해 신규 화합물을 설계하고, 대웅제약은 이 구조를 기반으로 물질 합성 및 평가를 수행해 항암 신약 후보물질을 도출하기로 했다(대웅제약 뉴스룸, 2020).

2019년 바이오·제약 전문매체인 《바이오스펙테이터》는 빅파마의 인공지능 기술 응용을 다루었다. 존슨앤드존슨(J&J) 계열사 얀센은 영국의 인공지능 스타트업 베네볼런트AI(BenevolentAI)와 협약을 체결하고 베네볼런트AI가 가진 인공지능 약물 발굴 플랫폼을 통해 얀센이 보유한 후보물질 가운데 새로운 적응증에 대한 약물을 발굴하기로 하였다. 이 협약으로 얀센은 과잉행동장애, ADHD 등을 교정하기 위해 개발하다가 중단한 바비샌트(Bavisant)를 발굴했으며, 베네볼런트AI는 그 약물의 부작용에는 불면증이 있다는 것을 주목하고 약물 재창출(Drug repositioning) 방식으로 병적 졸음 증상을 동반하는 파킨슨병 환자의 치료제로 전환했다.

독일의 제약사 바이엘(Bayer)은 2018년 캐나다의 인공지능 신약디자인회사 사이클리카(Cyclica)와 손을 잡고 멀티 타깃

약물 개발에 나섰다. 바이엘은 인공지능 기술을 신약 개발뿐만 아니라 약물 부작용을 조기에 발견하고 해결하기 위한 방법으로도 활용하고 있다. 이를 위해 바이엘은 젠팩트(Genpact)와 계약을 체결했다. 젠팩트는 대용량 데이터를 인공지능 기반으로 분석해 환자에게 새로운 약물을 투여했을 때의 부작용 예측 기술을 보유하고 있다. 바이엘은 젠팩트의 기술을 이용해 개발 중인 신약의 부작용을 예측하고 방지할 수 있는 시스템으로 활용하기로 했다.

2018년 베링거인겔하임(Boehringer Ingelheim)은 기계학습을 통해 신규 저분자 화합물을 발굴하는 기술을 가진 박테보(Bactevo)와 협업을 발표했다. 베링거인겔하임은 박테보의 기술을 이용해 자사에서 새롭게 개발하는 신규 약물의 효율성과 안정성을 예측하기로 했다.

BMS는 2018년 장내균총인 마이크로바이옴 데이터로 신약을 개발하는 시레나스(Sirenas)와의 협업을 발표했다. 시레나스는 자사가 보유한 아틀란티스(ATLANTIS) 플랫폼을 통해 마이크로바이옴이 분비하는 다양한 천연 저분자 대사산물과 이들이 인체 내에 미치는 다양한 질병과 관련된 생리학적 현상을 데이터화하고, 이를 통해 신약 후보물질을 개발할 수 있는 기술을 보유한 회사이다. BMS는 시레나스와의 협업으로 새로운 신약 후보물질을 장내균총으로부터 발굴할 계획이다.

GSK는 가장 적극적으로 인공지능을 활용하는 빅 파마(Big Pharma) 중 하나이다. 외부 기업과의 공동 개발에 그치는 것이 아니라 회사 내에 인공지능 담당부서까지 만들었다. 구글과 함께 단백질의 결정을 구별하기 위한 머신 러닝 알고리즘을 개발한 GKS는 2019년 7월 그 연구 결과를 국제 학술지에 게재했다. 또한 ATOM(Accelerating Therapeutics for Opportunities in Medicine) 컨소시엄을 통해 200만 개의 물질을 스크리닝하고 화학적 정보와 세포 수준의 생물학적 데이터를 확보했을 뿐만 아니라, 클라우드 파마수티컬즈(Cloud Pharmaceuticals)와 함께 인공지능을 이용한 신약 물질 발굴을 진행하고 있다.

그 밖에도 화이자, 암젠, 아스트라제네카 등 세계적 굴지의 제약사들이 신약 발굴을 위해 인공지능을 도입하고 있다. 이는 바이오헬스케어 분야에서 인공지능이 얼마나 빠르게 생태계를 변화시키고 있는지를 나타내는 현상이며, 디지털 바이오가 바이오헬스케어의 중심으로 자리 잡고 있다는 사실을 보여주는 현실이다.

의료사물인터넷(IoMT) 분야도 바이오헬스케어의 디지털화를 촉진하는 디지털 바이오기술이다. 다쏘시스템, 테고 등이 대표적 기업이다. 다쏘시스템은 임상시험 때 환자의 데이터를 취합하기 위해 사물인터넷 기술을 도입한 웨어러블 디바이스, 스마트 기기 등을 개발하는 회사이다. 이를 통해 환자의 구두에 의존하는 데이터가 아니라 실시간으로 모니터링된 데이터를 수집해 임상시험의 정확도를 높인다. 테고는 FDA의 승인을 받은 기업으로, 의약품 생산과 관련된 라인을 디지털 기기로 관리하고 환자 데이터 관리망을 구축하는 회사이다. 국내에서는 엔쓰리엔 같은 기업이 의료사물인터넷을 통한 디지털 바이오기술을 개발하고 있다. 시스코가 투자한 엔쓰리엔은 산업 데이터와 비즈니스를 통합한 실시간 비즈니스 모니터링 솔루션 위즈아이(WIZEYE)를 구축했다. 보톡스제를 생산하는 휴젤은 그 기술을 도입해 생산에서부터 최종 소비에 이르는 과정을 원격으로 한눈에 확인해 불량률을 최소화하겠다는 계획이다. 이제 임상시험으로 영역을 넓힌 의료사물인터넷은 환자 모니터링을 실시간에 확인할 수 있는 시스템이 개발됨으로써 임상결과의 정확도, 비용, 시간을 단축시키는 데 기여할 것으로 예측된다. 또한 약물의 생산, 유통, 소비 과정을 정확하게 모니터링해 불량 사물인터넷이나 사고 방지의 목적을 위해 사용될 것이다.

사물인터넷과 디지털 바이오

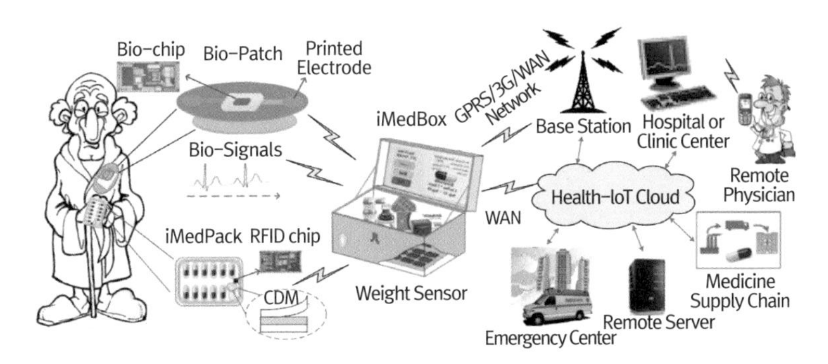

출처: IEEE transactions on industrial informatics

의료용 소프트웨어(SaMD)는 위 진단 또는 치료 목적으로 사용되는 독립형 소프트웨어로, 의료기기에 내장된 소프트웨어(Software in Medical Device, SiMD), 의료기기를 구동하거나 사용 방법을 결정하는 소프트웨어(PC software), 의료기기의 부속품으로 작동하는 소프트웨어(firmware, FPGA), 의료기기의 설계와 생산 및 시험에 사용되는 소프트웨어, 또는 의료기기의 품질 관리를 제공하는 소프트웨어이다(위키백과).

2019년 한국보건산업진흥원의 「보건산업 브리프」에 따르면, 전 세계에 1만 개 이상으로 분류되는 유형의 의료기기가 150만 개 있다. 여기에는 청진기부터 MRI에 이르기까지 매우 다양한 기기가 포함된다. 특히 스마트폰의 탄생으로 이와 결합된 무선통신·센서·인공지능·빅데이터의 동반 발달로 인해 개인이 자신의 건강을 관리하는 방법, 환자와 의료인과의 상호작용 방식, 임상의사 결정 지원, 질병 예측 등 의료 영역의 변화가 가속화되고 있다. 이런 가운데 의료기기를 제어하는 소프트웨어는 정교한 전문 의료기기에서 스마트폰, 태블릿 등 개인이 소유하고 있는 기기로 이동하고 있으며, 개인이 소유한 기기에서 의료용 소프트웨어를 통한 디지털 바이오기술이 개인의 건강과 질병 치료를 위한 중요한 수단으로 등장하고 있다.

제네시스 카디오플럭스(Genetesis CardioFlux)는 비침습적 이미징 기술을 이용해 흉통을 선별하는 심장 이미징 플랫폼으로 환자를 신속하게 선별하고 환자가 가능한 빨리 적절한 치료를 받도록 지원하는 소프트웨어이다. 프로펠러 헬스(Propeller Health)는 천식과 만성폐쇄성폐질환 환자가 흡입기를 언제 어디서 사용하는지에 대한 기록 장치를 개발해 모바일, 웹을 통해 흡입 약물 사용 기록을 환자, 가족, 의사에게 제공하는 의료용 소프트웨어이다. 이를 통해 약물 준수율 58퍼센트 개선, 증상 없는 날 48퍼센트 증가, 응급실 방문 53퍼센트 감소 등이 보고되었다. 엘리 릴리(Eli Lilly)는 고 도스(Go dose)라는 어플리케이션에 환자가 입력한 혈당 데이터를 분석해 식후 적정량의 당뇨병 치료 약물 복용량을 제시하고, 약물 복용 알람이나 전화 메시지 알람 서비스를 제공하는 당뇨병 관리 의료용 소프트웨어이다.

피어 테라퓨틱스(Pear Therapeutics)는 알코올, 코카인 같은 약물 중독을 치료하기 위해 앱의 다양한 콘텐츠로 약물 복용 충동 대처, 사고방식 변화 등 중독자들을 치료하는 리셋(reSET)이라는 의료용 소프트웨어를 개발했다. 리셋은 12주 간격의 처방형 디지털 치료제로, 의료진의 처방을 받은 환자가 텍스트, 오디오, 비디오와 애니메이션 등 상호작용하는 프로그램을 통해 약물 사용 욕구를 제어하는 방법을 학습하게 하고, 앱이 제시하는 목표를 달성하면 그에 맞는 리워드를 제공하고 있다. FDA의 발표에 따르면, 리셋을 사용하는 환자의 치료 프로그램 준수율이 40.5퍼센트로, 사용하지 않은 환자의 준수율 17.6퍼센트와 비교했을 때 통계적으로 유의미한 임상 결과를 보여주었다.

이와 같이 디지털기술을 기반으로 급속히 성장할 것으로 전망되는 의료용 소프트웨어(SaMD)는 질병의 진단, 치료, 임상 의사 결정 등의 과정에서 환자를 보다 효율적으로 관리할 수 있는 큰 잠재력을 지니고 있다.

블록체인은 디지털 바이오에서 새롭게 급부상하고 있는 영역이다. 데이터의 임의 수정, 위조, 변조를 방지할 수 있는 기술적 특징 때문인데, 그것이 임상 윤리를 보완하기 위한 대안으로 떠오르고 있다. 임상 윤리에 조작이 있을 경우 고스란히 환자의 피해로 돌아오게 된다. 예를 들어 2013년 일본에서는 노바티스의 고혈압 치료제 '디오반'의 임상연구 데이터를 조작해 뇌졸중과 협심증의 감소 효과를 거짓 보고하였다. 이러한 조작이 가능한 이유는 임상시험 데이터베이스가 중앙 서버에 집중돼 있기 때문인데, 블록체인 기술을 이용하면 데이터의 중앙 집중을 막아 수정, 위조, 변조를 예방할 수 있다.

외국 제약사들은 블록체인 기술을 이용해 자사 데이터의 신뢰도를 높이려는 노력을 기울이고 있다. 베링거인겔하임이 대표적이다. 베링거인겔하임은 최근 임상시험에서 IBM과 함께 블록체인 기술을 적용해 환자의 피해를 최소화하겠다고 밝혔다. 또한 화이자와 GSK 등으로 구성된 피스토이아 연합

(Pistoia Alliance)도 블록체인을 통해 자신들의 데이터를 투명하게 보호하겠다는 계획을 밝혔다. FDA도 블록체인 기술의 응용을 언급했다. 2019년 8월 에이미 에버네시 FDA 수석 부국장은 "의료 서비스 제공자, 의약품 제조업체 및 규제 당국이 소통하는 방식을 현대화하려 한다. 현대화 과정에는 인공지능, API, 블록체인 등의 기술이 활용될 수 있다. 상호운용성 개선과 기관의 정보 처리 및 공유 방식, 의약품 심사 프로세스에 영향을 미칠 수 있다."고 설명했다. 국내에서도 가톨릭대학교 김헌성 교수 연구팀이 블록체인을 적용한 실시간 임상데이터 수집도구를 개발 중이고, 벤처기업 투비코는 메디컬 빅데이터를 통한 블록체인 솔루션을 제공하고 있다. 2020년 3월에는 (사)한국바이오협회가 삼성SDS와 함께하는 '블록체인 플랫폼 기반 의약품 유통이력 추적 서비스' 시범사업에 참여할 협회 회원사를 모집했다. 이 사업은 블록체인 기반 의약품 유통비용 혁신, 의약품 품질 보증, e-Recall 등의 서비스를 통해 약품과 관련된 환자의 편이성과 안정성을 높이고 제약사의 효율성을 추구하는 것이 목표다. 블록체인은 디지털 바이오 분야에서 임상윤리, 데이터의 익명성, 보존의 신뢰성 등에 필수 요소로 성장할 가능성이 높다.

디지털 바이오의 성장 가능성

4차 산업혁명과 함께 바이오 혁명이 도래하면서 디지털 바이오가 총아로 출현했다. 지식 생산에 그치는 것이 아니라 데이터와 지식을 연결하고 융합하여 새로운 영역과 가치를 창조하는 디지털 바이오의 성장은 바이오 분석 기법, 정보통신기술의 발전과 연계돼 있다.

디지털 바이오의 성장을 이끄는 한 축은 바이오 분석기술이다. 이 분석기술의 발전은 마치 20세기 중반에 인간의 안방을 차지했던 음극선관(브라운관) 텔레비전이 20세기말 액정 디스플레이로, 필름 카메라가 한 세기를 못 버티고 디지털 카메라로, 손전화기가 핸드폰으로 대체된 현상처럼 엄청난 변화를 일으키고 있다. 생체 데이터를 수집해 바이오 의료 빅데이터와 융합시킬 웨어러블 센서, 디지털 바이오 마커와 치료제, 의료사물인터넷, 의료용 소프트웨어, 자가진단기술 등이 새로 개발되는 가운데 기존의 기술도 진화하고 있다. 일례로 차세대 염기서열 분석법(Next-Generation Sequencing, NGS)을 들 수 있다. 약 20년 전 3조 달러가 투입돼 13년 만에 완성된 인간 유전체 분석은 1시간 내 1,000달러 이하의 비용으로 가능하게 되었다.

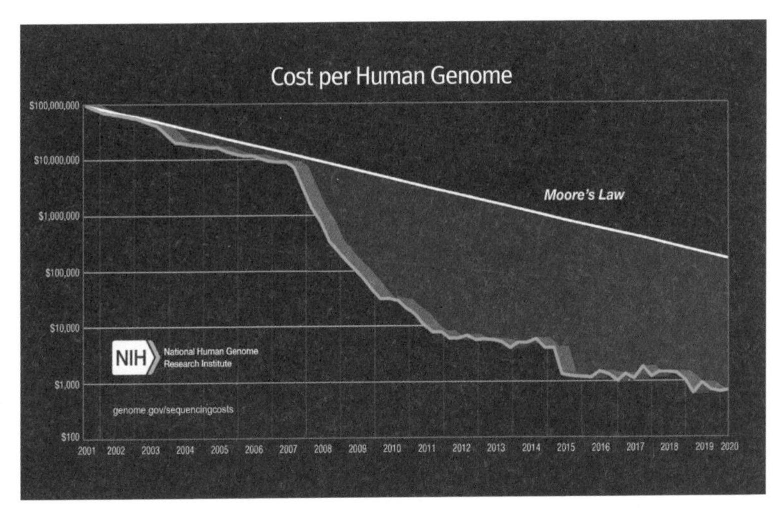

출처: 미국 국립보건원 산하 인간게놈연구소(National Human Genome Research Institute)[2]

디지털 바이오 성장의 또 다른 한 축을 이루는 것은 정보통신기술이다. 4차 산업혁명의 특징은 정보통신기술이 물리적 공간과 융화돼 새 시스템으로 거듭나는 것인데, 정보통신기술의 발전을 통한 디지털 바이오의 발전도 가속화될 전망이다. 디지털 바이오의 확장성은 사물과 사물, 사물과 인간, 인간과 인간을 연결하는 신기술을 통해 정보를 수집하고 융합해 새로운 가치를 창조하기 때문에 빅데이터 처리를 위해 정보와 도

2. https://www.genome.gov/about-genomics/fact-sheets/DNA-Sequencing-Costs-Data

구의 공유, 데이터베이스의 접근, 컴퓨터의 정보처리 능력과 데이터 분석기술 등 인터넷, 하드웨어 및 소프트웨어의 지원이 불가피하게 되었다. 특히 전산처리기술은 분자의 구조를 컴퓨터로 예측하는 분자 모델링 분야나 바이오 영상 처리 분야 또는 빅데이터 분야 등 여러 분야에서 기술적 요구를 완전히 충족시키지 못하고 있어 발전에 제한 인자로 작용하고 있다. 정보통신기술의 발전은 디지털 바이오의 성장에 직접적인 기여를 하고, 정보통신기술의 발걸음에 맞춰 디지털 바이오도 성장할 것이다.

민간 분야에서 이미 고성능 컴퓨팅(High Performance Computing, HPC)이나 슈퍼컴퓨터 활용이 잦아지고 연산 속도의 획기적인 증가를 가져오는 새로운 기술이 개발되고 있다. 2019년 10월 《네이처》에 발표된 구글의 양자컴퓨터가 좋은 예이다. 구글이 발표한 양자컴퓨터 칩 시커모어는 세계 최고의 슈퍼컴퓨터인 IBM의 서미트로 1만 년 걸리는 난수 증명 문제를 단 200초 만에 해결해 세계를 놀라게 했다. 양자컴퓨터의 개발은 컴퓨터 가상실험에 투입돼 신약과 신물질을 개발하는 시간을 획기적으로 단축할 것이다. 앞으로 디지털 바이오는 정보처리 기술과 융합해 더 큰 도약을 하게 될 것이다.

물론 디지털 바이오의 성장에서 4차 산업혁명의 핵심인 인공지능을 주목하지 않을 수 없다. 앞서 설명했지만 인공지능은 심층학습을 기반으로 정보를 모아 분석·학습하며, 진화된 판단으로 디지털 바이오에 요구되는 빅데이터 분석, 데이터의 융합 및 해석에 사용될 것이다.

디지털 바이오의 성장에 기여할 또 다른 혁신기술은 5세대 이동통신망이다. 이 새로운 정보통신기술은 대용량 데이터를 지연 없이 송수신할 수 있게 도와줘 스마트 플랜트와 자동기기화 운영에 투입되고, 환자의 진단, 관리, 의료방침 결정에 도움을 줄 웨어러블 센서나 디지털 바이오 마커 기기들의 생체 데이터 송수신에 사용될 것이다. 중국에서는 5세대 이동통신망을 사용해 원격 수술에 성공한 사례들이 잇따라 발표돼 5세대 이동통신망과 바이오헬스의 결합을 통한 원격진료의 가능성을 보여 주었다.

디지털 바이오 시대에는 ▲바이오 의료 빅데이터의 처리, 분석 및 활용 ▲스마트폰과 웨어러블 센서 등 디지털 기기를 통한 생체 데이터의 수집 및 바이오 의료 빅데이터와의 융합 ▲디지털 바이오 마커와 치료제 개발 등이 더 활성화될 것으로 예상된다. 디지털 바이오 시대의 선도기술로는 인공지능, 스마트 바이오 플랜트, 의료사물인터넷, 블록체인, 의료용 소프트웨어, 자가진단기술, 약물전달 및 임상시험의 이동성, 유전체학, 차세대 치료법, 클라우드 컴퓨팅, 진료현장 근거(Real-World Evidence, RWE) 및 데이터 기반 정밀의학 등이 손꼽히고 있다. 유전학, 합성생물학, 유전자 편집 등 생물학적 기술이 4차 산업혁명을 이끌어 나갈 대표적 기술로 부상하고, 사물인터넷, 빅데이터, 인공지능, 기술 플랫폼 등이 바이오 및 의료산업과 융합되면서 패러다임의 변화를 가져올 것이다. 국가적으로는 2020년 7월 14일 발표된 한국판 뉴딜 종합계획이 시사하는 바와 같이 디지털 바이오와 의료기술이 포스트 코로나 시대의 새로운 성장동력으로 주목받고, 이 산업을 육성하기 위한 노력이 지속될 것이다.

포스트 코로나와 디지털 바이오

코로나19로 인해 노동집약적 산업과 소비재 생산산업, 관광산업 등 거의 모든 산업 분야가 큰 타격을 입었지만, 바이오 및 의료산업은 피해가 적은 편이며 오히려 그 중요성을 인정받을 수 있는 계기가 되었다. 이를 증명하듯 코로나19 사태에서 제약·바이오산업의 역량은 국력과 동일시되고, 코로나19 진단 키트는 국가 자산으로 여겨지기도 했다. 코로나19 사태를 통해 신자유주의 의료정책의 허점이 드러나며 의료를 시장논리에만 맡길 수 없다는 전반적 공감대가 형성되었고, 의료의 공공성에 대한 요구가 강해졌다. 공공의료가 보편화되지 않은 국가들에서는 인간이 살아가는 데 필수적인 요소에 공공의료도 포함시키자는 목소리도 높아졌다.

따라서 앞으로 바이오 및 의료산업에 대한 국가적 지원이 증대할 전망이다. 민간 차원에서도 새로운 감염병에 대한 두려움 등으로 의료에 대한 관심이 더욱 높아지고, 헬스케어에 대한 수요가 늘어나 의료 및 바이오산업이 활성화될 것이다. 포스트 코로나 시대의 헬스케어에 대한 요구사항은 크게 세 가지로 비대면성, 접근성, 비용 효율성 등이다.

첫째, 코로나19로 인해 국내외 원격진료, 의약품 배송 등 기존의 의료 규제가 완화되었고, 비대면 의료의 필요성과 선호도가 강화되었다. 따라서 코로나19의 종식 후에도 비대면 의료를 위한 의료용 소프트웨어, 자가진단기술 등 새로운 진단, 건강관리, 치료기술과 기기에 대한 수요가 증가할 것이다. 비대면을 위해 의료사물인터넷, 사물인터넷 등 정보통신기술이 접목될 것이고, 그만큼 더 디지털 바이오의 위상도 높아질 것이다.

둘째, 의료의 공공성 확대를 위한 의료 서비스의 접근성이다. 디지털 바이오 마커와 치료제, 의료용 소프트웨어, 자가진단기술 등 디지털 헬스케어 기술은 큰 비용 상승 없이 많은 사람들이 사용할 수 있는 확장성이 있다.

셋째, 비용 효율성이다. 포스트 코로나 시대의 의료 부문에서 많은 사람이 공공재원이나 낮은 민간재원으로 혜택을 받으려면 비용 효율성이 중요하다. 이 점에서 디지털 바이오는 분명한 장점이 있다.

포스트 코로나 시대에는 디지털 바이오산업이 국가적 차원에서 새로운 성장동력으로 주목받고 육성될 것이다. 정부가 발표한 한국판 뉴딜 프로젝트는 디지털 뉴딜과 그린 뉴딜을 내포한다. 2022년까지 67조 원, 2025년까지 총 160조 원을 투자해 산업 재편과 디지털 산업 육성을 이끌어 갈 것이라고 예고했고, 그중 DNA(데이터·네트워크·인공지능) 생태계 강화와 스마트 의료 및 돌봄 인프라 구축을 포함한 비대면 산업 육성이 포함되었다.

디지털 바이오 분야의 규제 사항 및 개선 대책

디지털 헬스케어는 미래 성장동력으로 주목받고 있지만 많은 규제가 있다. 이 분야의 경쟁력 향상을 위해 규제 개선을 요구하는 목소리가 높다. 국내 디지털 바이오 분야의 규제에는 원격의료 금지, DTC 규제, 데이터 관련 규제 등 크게 세 가지가 있다.

원격의료 금지

원격의료는 의료인과 환자 간에 직접 대면 없이 이루어지는 의료정보의 교환과 기술지원, 보건교육 및 질병의 진단과 치료 등을 하는 모든 의료행위를 의미하는 개념으로, 현행법상 의료인과 의료인 사이의 원격의료만 허용되고 의료인과 환자 사이의 원격의료는 불법으로 간주되고 있다. 정부는 의료인과 환자 사이의 원격의료 규제를 완화하기 위해 노력하면서 의료법 개정을 몇 차례 시도하였으나 아직 두 장벽을 넘지 못했다. 하나는 의료 영리화와 중·소형 병원의 경영난 악화를 우려하는 정치계의 반발이고, 또 하나는 검진 오류의 가능성과 의료서비스의 품질 저하를 우려하는 의료계의 반발이다.

코로나19 사태로 전화 상담, 처방 및 대리 처방 등 의료인과 환자 간의 원격의료가 한시적이고 부분적으로 허용되었다. 이번 경험을 통해 비상사태에 대비해 원격의료 서비스 활성화의 긍정적인 측면이 부각되고, 우려했던 원격의료의 부작용은 나타나지 않았다. 정부는 원격의료를 긍정적으로 검토하는 것으로 알려져 있다.

따라서 코로나19 사태를 계기로 비대면 의료 서비스가 활성화되고 규제 완화가 이루어질 가능성이 어느 때보다 높아져 있다. 실제로 정부의 한국판 뉴딜 프로젝트에는 스마트 의료 및 돌봄 인프라 구축이 포함돼 있다. 우리나라의 IT 인프라 개발 및 구축 역량은 세계적으로 높은 수준이지만, 각종 규제로 인해 디지털 의료 서비스가 많이 취약한 상황에서 그 프로젝트는 국내 바이오 및 의료산업에 디지털 기반의 스마트 의료 인프라 구축에 대한 새로운 가능성을 열어줄 것이다.

소비자 직접 서비스(DTC) 규제

소비자 직접 서비스(Direct To Consumer)는 소비자가 의료기관이 아닌 바이오 업체에 직접 의뢰하는 서비스라는 뜻으로, 주로 소비자 의뢰 유전자 검사를 의미한다. 전장 유전체 분석은 유전체 신기술의 비약적 발전으로 비용이 과거와 비교할 수 없을 만큼 낮아져 유전체 분석 시장이 연구기관에서 소비자까지 확장되었다. 전장 유전체 분석은 약 100만 원에 제공돼 일반인들의 많은 관심을 끌고 있다. 미국에서는 DTC 서비스업체가 질병 표현형 관련 데이터를 수집하고 회사와 공동연구를 수행하는 연구자들에게 공유하기도 한다. 데이터는 '21세기의 원유'로 불리고 있다. 이 때문에 미국의 구글과 애플, 중국의 바이두와 텐센트 같은 기업들은 데이터 수집과 활용에 의거해 새로운 서비스 산업을 만들어내고 있다.

의료 빅데이터가 4차 산업혁명의 핵심 자원으로 주목받는 시대에 우리나라의 DTC 규제는 민간 차원의 데이터 접근에 걸림돌이 되고 있다. DTC 서비스 규제 완화는 민간기업의 데이터 수집을 용이하게 함으로써 데이터 사용을 통한 새로운 비지니스 창출의 길을 열어줄 수 있다. DTC 유전자 검사에서는 유전자에 의한 체질량 지수, 중성지방농도, 콜레스테롤, 혈당, 탈모 등 12개 항목에 관한 총 46개 유전자에 대한 검사만 허용돼 왔는데[3], 앞으로는 질병과 관련된 유전자의 검사까지 확대될 전망이다.

3. 의료기관이 아닌 유전자 검사기관이 직접 실시할 수 있는 유전자 검사 항목에 관한 규정, 보건복지부고시 제 2016-97호

정부는 2020년 1월 관계부처 합동으로 바이오헬스 핵심 규제에 대한 개선 방안을 발표하고, 건강관리서비스 인증제 도입, DTC 서비스 허용 항목 확대, 유전자 검사기관 인증제 단일화 추진 등 DTC 규제 완화 방안을 내놓았다. DTC 규제는 앞으로 개인정보보호를 보장하는 선에서 미국·유럽 등 선진국 수준으로 완화될 전망이다.

데이터 관련 규제

국내 디지털 헬스케어 산업의 성장은 관련 하드웨어 기업의 증가에 집중되었다. 따라서 디지털 헬스케어 산업의 생태계가 매우 불균형적으로 성장했다. 앞서 언급했듯이 4차 산업혁명은 데이터 혁명이라 불릴 정도로 데이터가 중요해졌고, 데이터 수집 능력은 국가나 기업의 경쟁력이 되었다. 클라우드나 인공지능 등 신기술을 접목한 데이터 수집은 신산업 육성에 필수적인 요소로 손꼽힌다. 정부도 데이터 가치사슬 주기(생성·수집·분석·활용)에 따른 고부가가치 창출에 주목하고 일명 D·N·A(데이터·네트워크·인공지능) 분야가 바이오헬스 산업에 긍정적인 영향을 미칠 것을 기대하고 있다.

2020년 1월 9일 정보 주체의 동의 없이 비식별 개인정보를 민간기업에서 활용할 수 있도록 개인정보보호법·신용정보보호법·정보통신망법 등 '데이터 3법'이 개정되었다. 데이터 3법 외에도 의료기기산업육성 및 혁신의료기기 지원법, 바이오헬스 핵심 규제 개선 방안이 동시에 시행돼 정보 생태계 조성이 본격적으로 시작된다. 하지만 데이터 3법 및 관련 법규 개정 후에도 가명화 이전에 맞춤의료 등 임상연구를 목적으로 식별된 의료데이터의 매핑 과정 지침, 의료·공공데이터와 결합하는 라이프로그·유전체 데이터 등 신규 정보의 구축과 활용에 대한 지침, 공공데이터 활용을 위한 동의 절차 등 풀어야 할 과제가 산적해 있다.[4]

이러한 상황에도 데이터 활용의 중요성에 대한 사회적 인식, 디지털 혁신을 새로운 성장동력 산업으로 육성하고자 하는 정부의 의지와 국민적 공감대가 남은 문제들을 조속히 개선하는 동력으로 작용할 전망이다. 국내 디지털 헬스케어 산업은 하드웨어에는 경쟁력을 갖추고 있지만, 데이터 수집 및 사용에는 해외 선도기업과 비교해 여전히 추종자의 위치이다. 해외 선도기업에 필적하고 추월할 만한 국내 기업을 육성하는 것이 앞으로의 과제라 할 수 있다.

4. http://www.doctorsnews.co.kr/news/articleView.html?idxno=133211

포항과 디지털 바이오

경상북도와 포항시는 포항의 생명과학 관련 대학(포스텍·한동대)과 인프라(방사광가속기·극저온 전자현미경 등)를 근간으로 바이오헬스케어 연구 활성화와 산업화를 위해 다각도의 노력을 기울여 왔다. 그 하나의 결실로서 과학기술정보통신부의 세포막단백질연구소 사업자에 선정되기도 했다. 독일·미국에 이어 세계를 통틀어 세 번째로 건립되는 세포막단백질연구소는 암과 감염성, 대사성, 뇌, 심혈관, 희소 질환 등 6대 중증 질환의 구조를 분석하고 응용해 항체 의약품과 신약 후보물질을 찾을 계획이다.

그리고 포항시, 포스텍, 제넥신이 공동으로 신약 개발 혁신 연구플랫폼인 바이오오픈이노베이션센터를 건립하여 산학연관 신약 개발 지원과 바이오벤처기업 인큐베이팅 등 지역 바이오산업 생태계 조성에 박차를 가할 수 있게 되었다. 실제로 디지털 바이오의 새로운 생물자원 개발, 생물자원 정보의 데이터망 구축과 이를 통한 신약 개발 연구가 이어지고 있다. 또한 바다를 끼고 있는 포항의 지리적 특성은 해양생물학 발전에 큰 장점으로 작용하고 있다. 포항의 이러한 환경은 디지털 바이오로 급속히 재편되는 바이오헬스케어 분야에서 높은 경쟁력을 보유하게 해주는 동시에, 디지털 바이오를 통한 신약 개발 연구의 가장 좋은 환경을 제공해 준다.

이러한 가운데 '사이디오 시그마'가 한국 바이오의 미래를 위해 포항에 스마트 헬스케어시티를 조성하면서 디지털 바이오 분야에 시동을 건다는 것은 국가적 차원에서 주목해야 할 사안이다. 앞으로 '사이디오 시그마'를 중심으로 경쟁력 있는 다수의 기업과 대학이 연합해 디지털 바이오 분야에서 혁신적 성과를 이루어낸다면 바이오헬스케어 분야 세계시장에서 주도권을 확보할 가능성은 충분히 열려 있다.

제3장

오럴 바이오
Oral Bio

서귀현

서귀현 Kwee Hyun Suh
경희대학교 화학 박사
현재, 한미약품 전무이사(한미약품연구센터장)
주요 논문: 「Synthesis and biological evaluation of novel thienopyrimidine derivatives as diacylglycerol acyltransferase 1 (DGAT-1) inhibitors」, 「imidazopyrazines as TAK1 inhibitors」, 「Synthesis and evaluation of thieno[3,2-d] pyrimidine derivatives as novel FMS inhibitors」 등

오럴 바이오

저분자 의약품과 달리 펩타이드, 단백질 또는 백신 등 대부분의 바이오 의약품은 경구 투여가 매우 어렵다. 이는 바이오 의약품이 일반적으로 소화기관에 존재하는 소화 효소에 의해 분해되거나, 산도 변화에 따른 변성이 생기기도 하고, 특히 위장관 막 자체를 통과하기 어려워 체내 흡수율이 매우 낮기 때문이다. '오럴 바이오(Oral Bio)'란 이러한 인체 내 생리학적 흡수 장벽을 극복하여 기존 비경구적 주사제를 경구 투여가 가능토록 하는 것은 물론, 이를 통해 기존에 접근이 어려웠던 새로운 치료 영역까지 극복하게 해줄 수 있는 차세대 제약 바이오 의약품 및 이와 관련된 기술을 일컫는다.

비경구적 주사제는 일반적으로 환자에게 거부감과 다양한 불편함을 유발한다. 또한 감염에 대한 우려도 있으며, 투여 행위가 의료기관에서 전문 의료인에 의해만 이뤄져야 할 경우도 있다. 이는 환자에게뿐만 아니라 사회적 관점에서도 큰 경제적 부담을 준다. 이러한 기존 주사제의 단점을 개선하기 위해 다양한 시도가 이루어지고 있다. 투여 주기를 늘린 지속형 피하 투여 제제, 통증을 최소화하기 위한 미세 바늘 제제, 주사 대신 붙이는 패치제 등이다. 하지만 대개의 환자들이 가장 선호하는 것은 입으로 간편하게 먹는 경구 투여 방식일 것이다.

그림 1. 장 미세융모의 주사전자현미경 사진

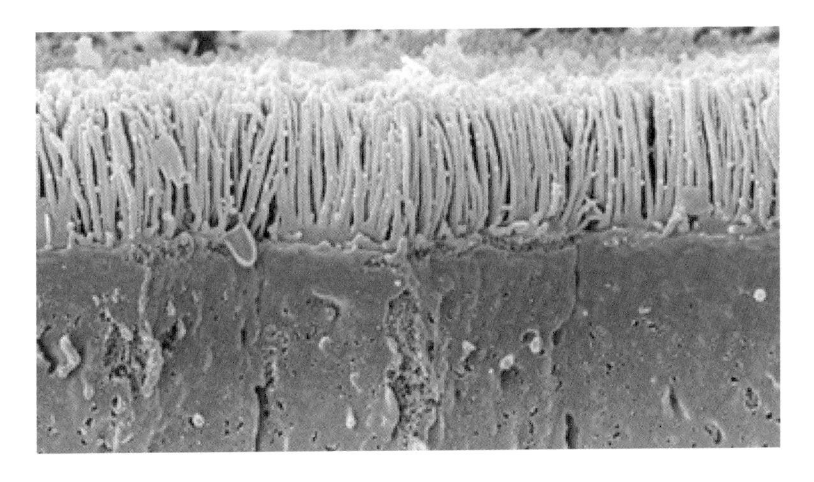

경구 투여 의약품은 자연스럽게 환자 순응도를 높여 치료 효과의 상승을 기대할 수 있고 고부가가치를 창출할 수 있다.

심지어 비경구 주사제로는 불가능했던 적응증도 극복이 가능할 수 있다. 여기서는 이 분야의 역사와 현황 및 시장 상황을 이해하고, 경구 전달을 가능하게 하거나 개선하기 위한 다양한 전략을 사례 중심으로 살펴보고자 한다. 또한, 그 동안 한미약품이 축적해온 경구 의약품 기술과 오럴 바이오 전략을 제시하여 그 가능성을 확인하고, 이 분야의 미래에 대한 관점을 기술하고자 한다.

언제부터 먹는 약을 사용한 것일까?

먹는 바이오 의약품을 사용하기 시작한 시기는 정확히 알 수 없으나 직접 채집한 식물에서 어떤 것은 독초가 되고 어떤 것은 약초가 된다는 것을 터득하면서 이를 증상에 맞게 복용하였을 것이다. 나아가 생약으로부터 약 성분을 추출해내는 것으로부터 약은 발달했다고 보고 있다. 자료에 의하면, 서양에서는 고대 이집트 파피루스에 기원전 1,550년경 약초를 활용한 약으로써 먹는 방법을 통해 치료한다는 기록이 있다고 한다. 그 후 정제 및 약물 코팅을 통한 방법이 꾸준히 발전해

왔다.

바이오 의약품은 1922년 인슐린을 분리해 치료제로 사용하면서부터 주목받기 시작했다. 초기 대부분의 바이오 의약품은 피하 또는 근육 내 경로로 주사해 환자들의 고통스러운 약물 투여를 야기하였다. 경구용 제형은 다른 투여방법에 비해 제조가 경제적으로 가능하다는 장점으로 인해 바이오 의약품의 경구용 제형을 위한 기술 개발 노력이 꾸준히 진행되었고, 큰 단백질이나 항체보다 크기가 상대적으로 작은 펩타이드가 경구제로서의 성공 가능성이 높아 경구 투여 제형 개발 사례가 많은 편이다.

1989년 세계 최초 경구 백신인 비보티브가 FDA 허가를 받은 이후 로타바이러스 백신 로타릭스, 로타텍 및 콜레라 백신 오로콜까지 총 4종의 경구 백신이 허가를 받았다. 1995년에는 경구로 데스모프레신이 허가받았으나 0.1퍼센트의 경구 생체 이용률로 인해 기존 주사제에 비해 100배의 고용량을 투여해야 하는 단점이 있다. 이는 의약품 자체의 낮은 안정성에 기인한 것도 있으나, 위에서의 높은 산도로 인한 변형이나 단백질 분해 효소에 의한 소실, 그리고 장내 상피세포에서의 흡수 방해 기전 등 다양한 원인이 있다.

그림 2. 경구용 단백질 및 펩타이드 의약품에 관한 주요 기술 발전사

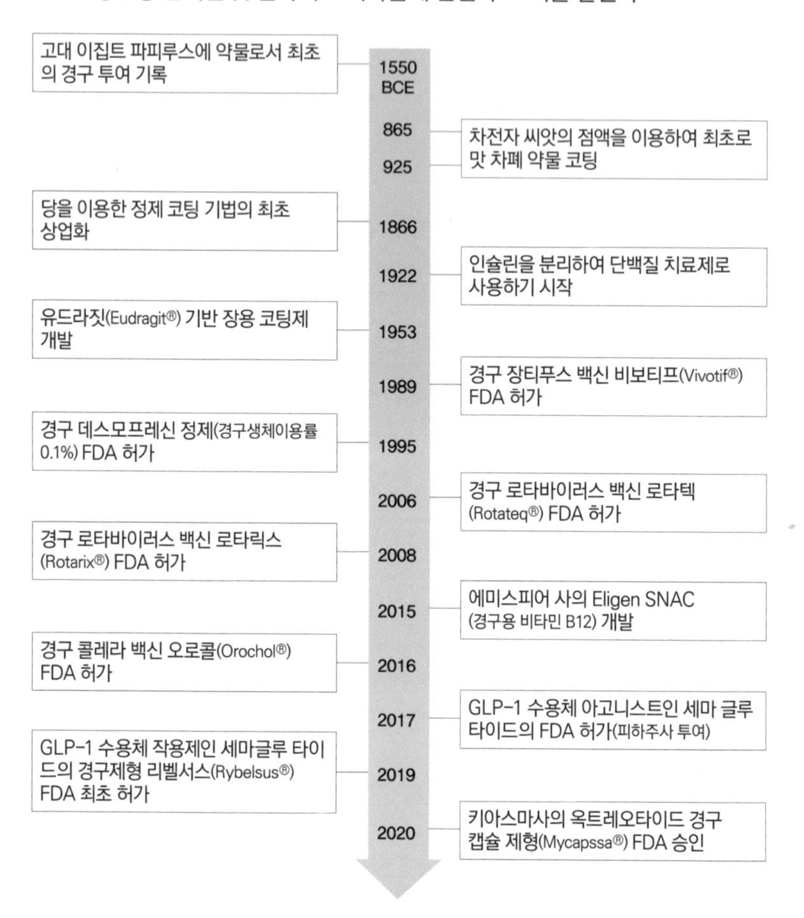

이후 개발되는 경구 바이오 의약품은 위에 언급된 장애 요인들을 극복하기 위해 다양한 노력을 시도하였고, 최근 들어

경구 바이오 의약품의 허가 사례들이 나타나고 있다. 노보 노디스크는 에미스피어의 흡수 증진제를 활용해 2형 당뇨 및 비만에 효과적인 치료용 펩타이드인 GLP-1의 세마글루타이드(semaglutide) 주사 제형을 경구 제형으로 전환한 제품을 성공적으로 출시하였다. 키아스마에서는 약물을 소화 효소로부터 분해되지 않도록 보호하면서 위장관 틈으로 간까지 흡수가 되도록 촉진하는 Transient Permeability Enhancer(TPE) 기술을 기반으로 옥트레오타이드(Octreotide) 경구 캡슐 제형을 개발해 미캅싸라는 상표명으로 말단비대증 치료제로서 최근 허가를 받았다(그림 2).

먹는 바이오 의약품과 삶의 질

최근 승인 받은 신약의 약 3분의 1은 바이오 의약품이고, 대부분 피하, 정맥 또는 근육 주사와 같은 비경구로 투여되는 제제이다. 이러한 주사에 의한 투여 방법은 높은 생체 이용률을 보여주지만 통증, 주사 부위 부작용, 흉터, 알레르기 등을 포함한 많은 문제를 야기한다. 또한, 정맥 주사는 숙련된 의료 전문가의 도움이 필요하며, 자가 투여를 하는 주사제의 경우라도 환자에게는 매우 번거롭다. 이러한 단점들은 특히 장기간 반복 투약을 필요로 하는 만성 질환을 앓고 있는 경우에 주사 맞기를 기피해 약물 순응도를 떨어뜨릴 수 있다. 따라서 주사에 비해 편리하며 통증이 전혀 없는 경구 투여가 환자들의 삶의 질을 위해서라도 선호되는 방법이다.

먹는 약은 주사제와 비교해 그 유효성에서도 추가적인 장점이 있다. 예를 들어, 먹는 인슐린 제제가 있다면 췌장에 의해 분비되는 체내 인슐린의 생리적 형태와 더욱 유사하게 간을 통한 혈당 조절이 주로 이루어져 주사제에 비해 저혈당 발생 위험이나 체중 증가와 같은 부작용을 최소화할 수 있다. 또한, 주사제로 투여해야 하는 항암제는 한꺼번에 많은 양의 약물이 주입되면 위험할 수 있어 몇 시간 동안 천천히 주사해야 하고 그 시간 동안 내원해 투여를 받아야 하는 불편함이 있다. 경우에 따라서는 경구 투여가 복용 후 체내 전신순환혈로 흡수되는 시간이 길어질 수 있기 때문에 단순히 처방받은 약을 복용하기만 하더라도 좋은 효과를 낼 수 있다.

따라서 '오럴 바이오'로 대변되는 바이오 의약품의 경구 전달 기술, 점막 백신 및 경구 백신 기술 등을 통한 혁신 경구 의약품의 개발은 인류의 삶의 질을 높이기 위해 바이오제약 기업들이 반드시 집중해야 할 도전 과제인 것이다.

오럴 바이오, '반지의 제왕'만큼이나 험난한 여정

구강, 식도, 위, 소장 및 대장으로 구성된 위장관은 탄수화물, 단백질 및 기타 영양소를 아미노산과 단당류의 상태로 소화하는 기능을 담당함과 동시에 병원균의 유입을 막는다. 실제로 경구 투여되는 약물이 흡수되기 위해서는 위장관에 존재하는 두터운 점액층과 상피세포, 점막 등 다양한 생물학적 장애물을 통과해야 생체 내에서 이용될 수 있다(그림 3).

소화는 먼저 입에서 시작되는데 입에는 타액 아밀라아제와 리소자임이 풍부하다. 하지만 머무는 시간이 짧기 때문에 큰 장벽으로 간주되지는 않는다. 경구로 섭취한 바이오 의약품의 생체 이용률에 가장 큰 생화학적 장벽은 위와 소장이다.

위의 소화액은 염산과 다양한 단백질 소화효소 및 점액으로 구성된다. 염산은 위를 매우 강한 산성 환경으로 만든다(pH 1-4). 이러한 강한 산성 조건과 함께 펩신에 의해 단백질이 쉽

그림 3. 체내에서 약물이 흡수되기 위해 통과해야 하는 경로

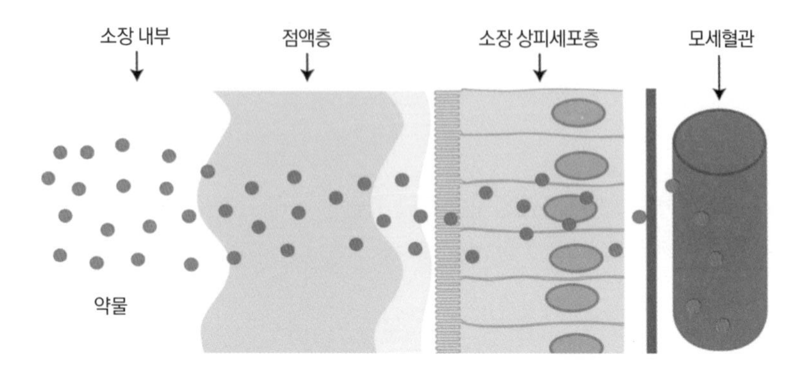

게 분해될 수 있다.

소장에는 췌장에서 분비된 트립신, 키모트립신, 카르복시 펩티다제 등의 단백질 분해 효소가 풍부하게 존재한다. 게다가 긴 위장관을 지나면서 각 위치마다 변화하는 pH와 장에 머무는 시간, 점액층 및 위장관의 운동성 등은 경구 투여 약물의 생체 내 흡수에 큰 영향을 미치게 된다. 어렵게 흡수된 약물조차 때로는 P-당단백질(P-glycoprotein)과 같은 체내 외부 물질을 적극적으로 들어오지 못하도록 막아주는 다양한 배출 펌프의 작용에 의해 흡수가 다시 차단되기도 한다.

마지막으로 대장에서는 대개 20시간을 체류하지만 밀착 연

접(tight junction)의 간극이 소장보다 좁고 소장보다 표면적이 적으며 대변 및 박테리아가 풍부한 환경이라서 약물의 흡수 전달이 사실상 이루어지기 어렵다(그림 4).

이러한 복합적 요소들로 인해 바이오 의약품의 경구 생체 이용률은 극히 낮아지게 된다. 실제로 주사제로 개발된 펩타이드나 단백질 의약품을 경구 투여할 경우 일반적인 생체 이용률은 대개 1퍼센트 미만으로 알려져 있다.

그림 4. 위장관 위치에 따른 산도(pH) 범위, 통과 시간 및 분해 효소

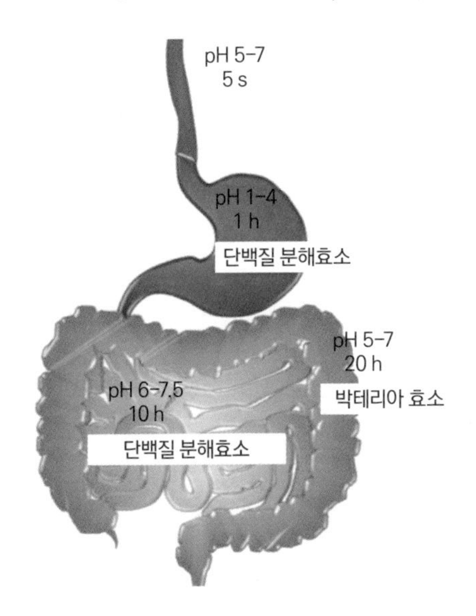

오럴 바이오를 위한 다양한 전략

경구 흡수 장벽을 극복하기 위한 경구용 바이오 의약품 개발 전략에는 점액층 투과, 점막 접착 증가, 효소 억제, 세포 사이의 개방, 세포 내 수송 촉진 및 물리적 장치를 통한 주입 등 다양한 방법이 있다. 점액층 투과(Mucus penetration)를 도와주는 물질을 함께 사용하면 바이오 의약품이 원활하게 상피세포층으로 들어갈 수 있다. 점막 점착성 고분자(Mucoadhesion)로는 원하는 상피세포층 위치에서 약물 체류 시간을 증가시켜 약물의 전달을 촉진해줄 수 있다. 단백질 분해 효소 억제제를 사용하면 소화기관에 분포되어 있는 단백질 분해 효소를 비활성화해 약물이 분해되거나 변형되는 것을 막을 수 있다. 세포 내 침투 증강제를 활용하면 칼슘 킬레이트화 또는 세포 내 신호 전달 경로의 조절을 통해 상피 세포들 사이의 칼슘 이온을 이용하는 특수한 틈을 일시적으로 열어준다. 세포 내 수송 촉진제는 세포를 통한 확산을 촉진함으로써 단백질 전달체의 통과를 가능하게 할 수 있다. 또는, 외부 침입 물질을 내보내는 세포의 배출 펌프 작용을 억제해 약물의 흡수율을 높일 수도 있다. 마지막으로 물리적 장치에 의한 주입 방법으로 장내 벽을 뚫고 직접 단백질 약물을 투여하는 방법도 있다(그림 5).

그림 5. 경구용 의약품 개발에 사용되는 물질의 작용 메커니즘

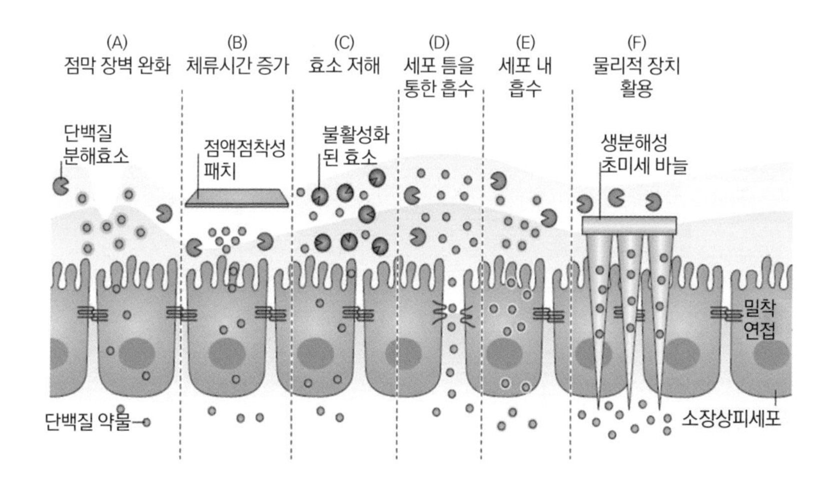

가장 먼저 피해야 할 적은 산과 소화 효소의 공격

바이오 의약품의 경구 투여 방법에서 가장 기본적으로 고민해야 할 것은 체내 산도(pH)의 변화나 단백질 분해 효소로 야기되는 문제이다. 생체 이용률을 향상시키는 가장 기본이 되는 전략은 소화기관 내, 특히 위에서의 강한 산성 환경으로 인

한 분해와 변성을 막는 것이다. 이것은 장용 코팅 제제 기술로 극복이 가능하며, 이미 저분자 의약품을 포함한 다양한 경구 제제에서 활용되고 있다. 단백질 분해 효소로 인한 것은 억제제와 약물을 동시에 투여해 어느 정도 치료제가 생체 내에 안전하게 도달할 수 있게 도움을 주는 것이 가능하다. 또 다른 방법으로는 펩타이드 의약품이라면 이의 아미노산 서열에 변화를 줘 소화기관 내 안정성을 향상시킨 혁신적인 유도체를 개발하는 방법도 있을 것이다.

위장관 내 흡수 부위에서 약물의 체류 시간을 연장시키면 생체 이용률을 높이는 데 도움이 될 수 있다. 즉, 약물이 위장관을 통과하면서 흡수가 가능한 상피세포층에 좀더 오랜 시간 높은 농도를 유지할 수 있게 하는 방법을 연구하는 것이다. 점막점착성 고분자는 체내 점막과 상호작용하여 위장관 내에서 체류시간을 증가시켜 경구 생체이용률을 높이는 데 도움을 줄 수 있다. 점액층에 많이 존재하는 당단백질과 상호작용할 수 있는 고분자 물질이 주로 이용되며, 여기에는 키토산, 젤라틴, 폴리에틸렌글리콜 등의 중합체를 이용하는 연구가 활발하게 이루어지고 있다. 예를 들어 칼시토닌의 경구 흡수 효율을 더욱 개선하기 위해 경질 젤라틴 캡슐이 활용되기도 한다.

그러나 항체 의약품 등 크기가 거대한 바이오 의약품은 이렇게 상피세포 흡수 표면에서의 체류 시간 연장만으로는 생체 이용률을 개선하는 데 한계가 있다. 또한 점액층의 결함으로 기인하는 질환[예: 염증성 장질환]과 관련된 환자에게는 이러한 방식을 적용하기가 어렵다.

방해자들을 물리치기 위한 무기를 준비하자

점막층은 외부 독성물질로부터 생체를 보호하기 위한 장벽임과 동시에 약물이 세포와 접촉하기 전에 마주하는 방해꾼이기도 하다. 따라서 약물의 경구 생체 이용률을 개선하기 위해서는 이를 극복해야 한다. 점액층을 잘 통과할 수 있다면 약물이 세포와 직접 만날 수 있는 좋은 환경을 만들어줄 수 있다. 이러한 목적으로 점액을 묽게 만들어주는 용해제(mucolytic agent)를 활용한다. 예를 들어 N-아세틸 시스테인은 점액 장벽을 완화시켜 큰 분자의 약물도 쉽게 상피세포층까지 도달 되도록 개선시켜 준다. 계면 활성제는 친수성과 소수성 성분을 모두 가지며 단백질이 응집되는 것을 방지해 생물학적 활성이 낮아지는 것을 막아줄 수 있다. 분자량이 클수록 장내 점막층을 투과하기 힘들기 때문에 계면 활성제와 같은 물질을 이용해 분자량이 큰 약물이 세포막과 접촉할 수 있는 환경을 만들어 경구 생체 이용률을 높일 수 있다. 또한, 계면 활성제는 세포막과도 상호작용해 약물의 침투력을 증가시킬 수 있다. 경구용 바이오 의약품 개발에서는 독성이 낮은 비이온성 계면 활성제가 주로 사용된다. 그 예로는 SNAC(N-[8-(2-hydroxybenxoyl) amino] caprylate), 카프레이트 염, 담즙산 염 등이 있다.

상피세포들 사이를 투과하는 방법도 연구되고 있다. 거대한 크기의 단백질이나 항체 의약품은 상피세포로 직접 흡수되기 어렵다. 극복 방안으로는 밀착 연접(tight junction)이라 부르는, 상피세포 사이의 틈을 일정 시간 동안 열어주는 물질을 활용하는 방식도 연구되고 있다. 밀착 연접은 클라우딘(claudin), 오클루딘(occludin) 등의 단백질로 이루어져 있으며, 주로 소장 상피세포나 뇌혈관장벽(blood brain barrier)에 위치해 외부 물질이 세포 사이로 들어오는 것을 막아 준다. 밀착 연접을 이루는 단백질의 결합은 칼슘 이온에 의해 강하게 유지된다. 바이오 의약품을 경구 투여할 때 칼슘 이온을 붙잡아 주는 이른바 킬레이트 형성이 가능한 물질을 함께 투여하면, 밀착 연접

이 느슨해진다. 이렇게 느슨해진 세포 사이로 단백질이나 항체 의약품이 통과해 체내로 흡수될 수 있다.

험난한 장애물들, 연합 작전으로 뚫어보자!

산, 소화 효소 및 장 점막의 장벽들을 해소하기 위해 복합제를 만들기도 한다. 대표적인 예로 골다공증 치료제로 개발 중인 TBRIA이 있다. TBRIA는 장용제 코팅이 돼 있어 위의 낮은 pH에도 견딜 수 있다. 이는 위에서의 분해를 방지하고 장까지 이동하게 도와준다. 이후 산도가 약한 장에 도달하게 되면 정제 표면이 녹게 되고 안에 있는 시트릭 산(citric acid)이 배출돼 주변의 산도를 약간 낮춰 일반적인 장내 산도 조건에서만 작용하는 트립신 같은 단백질 소화 효소들의 활성을 막아준다. 또한 아실카니틴(acylcarnitine)이 칼슘 킬레이트제(chelating agent)로서의 역할을 해 장점막의 세포 틈을 이어주는 밀착 연접(tight junction)을 약화시켜 약물이 그 사이로 직접 통과할 수 있게 해준다(그림 6). 이 제제는 현재 후기 임상 개발을 진행 중인 것으로 알려져 있다.

그림 6. 경구 투여를 위한 칼시토닌(TBRIA) 제형의 예

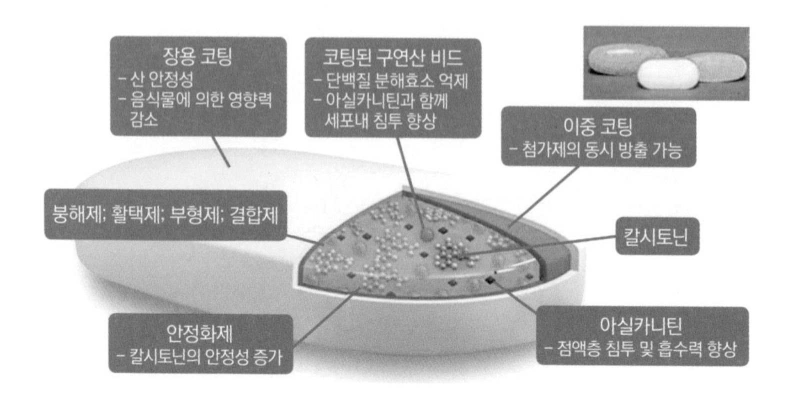

장기간 치료가 필요한 비만이나 당뇨 같은 만성질환자들이 매일 주사를 맞는 것은 끔찍한 일이다. 노보 노디스크는 주사형 GLP-1 제제인 오젬픽(Ozempic®, 성분명 세마글루타이드)에 경구 흡수 촉진제를 이용한 경구용 GLP-1인 리벨서스를 개발해 최근 허가를 받았다. 기존에 주사제 형태로 개발되었지만 경구용으로 투여하기 위해 에미스피어 테크놀로지의 Eligen 기술을 이용하였다. Eligen 기술의 핵심은 SNAC(N-[8-(2-hydroxybenxoyl) amino] caprylate)이라는 흡수 촉진제의 사용이다. SNAC은 일종의 계면 활성제이기도 해 약물이 위장 점막에서 잘 흡수되도록 하는 데 다재다능한 능력을 제공

그림 7. SNAC와 세마글루타이드의 흡수 메커니즘

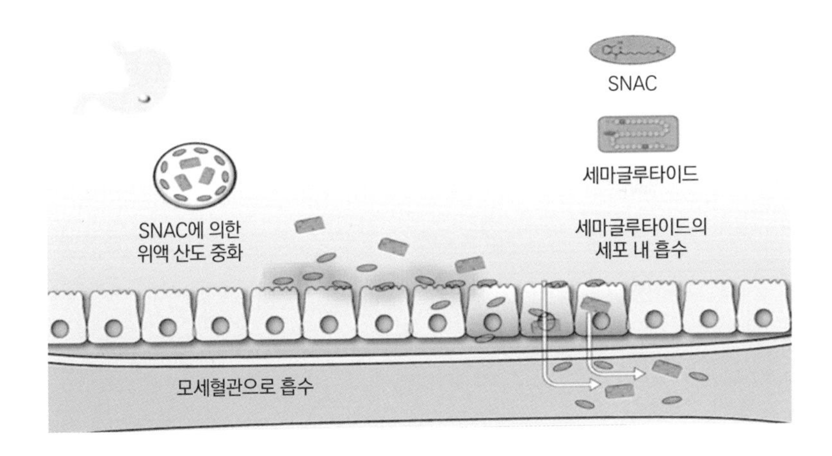

한다. SNAC은 바이오 약물과 거대한 비공유 결합체를 형성하며, 이 결합체가 강한 산성 환경에서 약물이 변형되는 것을 어느 정도 보호해 준다. 또한, 소화 효소로부터의 물리적 접촉을 피해 약물이 소화 효소 때문에 분해되는 것도 막아 준다. 게다가 점막층의 방어막을 약화시키면서 상피세포막을 통한 흡수율은 자연스럽게 증가시켜 주는 것으로 알려져 있다(그림 7). 최초의 경구용 GLP-1 제제인 리벨서스의 상업적 성공은 앞으로 오럴 바이오 의약품 개발의 붐을 불러일으키는 데 중요한 역할을 할 것으로 기대되고 있다.

주사기를 먹는다?

먹는 스마트 장치에 초미세 바늘을 이용한 경구 전달기술이 최근 개발돼 새로운 시도가 이루어지고 있다. 이 기술을 활용한 캡슐 약을 먹게 되면 식도와 위에서는 그대로 통과되고 소장 점막에 약물을 주입할 수 있다. 약물 방출 후 미세 바늘은 소화기관 내에서 서서히 생분해 된다(그림 8). 인슐린을 활용한 예에서 이 장치를 사용했을 때 장 점막은 통증 수용체가 없기 때문에 전혀 아프지 않았으며, 피하 주사와 동등하거나 더 우수한 인슐린 생체 이용률을 보여주었다. 이 기술의 장점은 웬만한 단백질 의약품뿐만 아니라 항체와 같은 매우 큰 바이오 의약품도 경구로의 전달이 가능하다는 것이다.

그림 8. 위장관에서 초미세 바늘 알약의 작동 이해

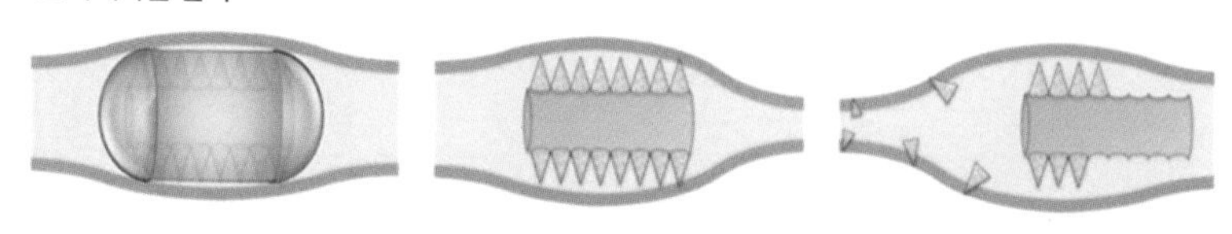

보다 효율성을 높인 최근의 또다른 창의적인 방법 중 하나로 SOMA(self-orienting millimetre-scale applicator)라 불리는 표범거북(Stigmochelys pardalis)과 유사한 모양의 약물 전달 시스템이 발표되었다. 가파른 돔형 껍질을 가진 이 거북이는 등을 굴려 스스로 방향을 잡게 된다. 이러한 방식을 응용해 바이오 의약품의 경구 전달을 효과적으로 하는 것이다. 즉, 그 모양과 낮은 무게 중심을 사용해 원하는 위치에서 방향이 조정되었을 때만 생분해성 물질로 만들어진 미세 바늘을 통해 직접 점막에 주입하는 방법이다. 약물이 주입된 후 나머지 부분은 신체 밖으로 빠져 나온다(그림 9).

그림 9. 표범거북 모양과 SOMA 시스템의 비교

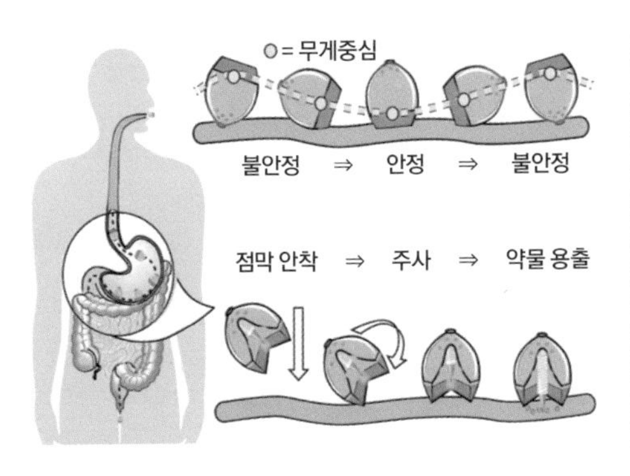

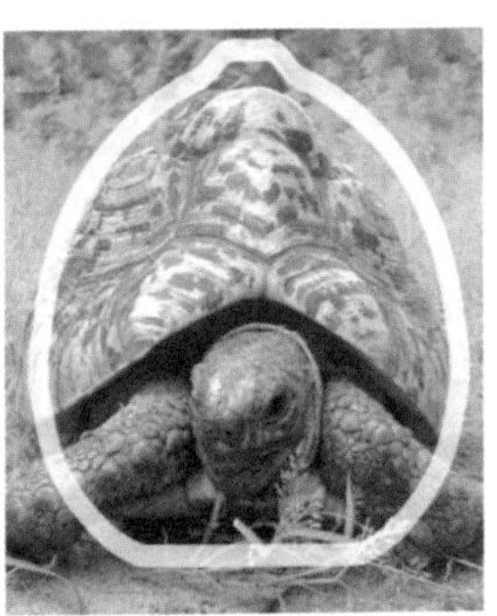

연평균 30퍼센트 넘는 높은 성장률 기대

수많은 질병의 치료를 위해 먹는 단백질 또는 펩타이드 의약품으로의 제형 개발이 꾸준히 이루어지고 있다. 특히 당뇨병과 같은 만성 장애에 대한 효율적이고 환자 친화적인 치료 옵션의 필요성으로 인해 향후 경구용 단백질 및 펩타이드에 대한 수요는 매우 높아질 것이다. 이 제품들이 경구형 제제로 출시되고 상업적으로 성공한 것처럼 보이더라도 원치 않는 효소 분해, 구조적 복잡성, 높은 제조 단가 및 낮은 생체 이용률 등 부족한 요소가 있다. 따라서 이러한 제품의 안정성과 치료 효율을 향상시키기 위해 더 나은 기술 개발이 필요한 것이다. 글로벌 시장조사업체인 CMI(Coherent Market Insights)에 따르면, 2018년 기준 글로벌 경구 시장 규모는 83억4,000만 달러이며, 2026년에는 808억7,000만 달러로 연평균 성장률이 33퍼센트에 달할 것으로 전망된다.

시장분석기관인 클라리베이트에 따르면, 현재 전 세계에 340개 넘는 경구용 단백질 및 펩타이드 치료제가 연구되고 있다. 전체 파이프라인 중 약 40퍼센트가 임상 단계에 있으며, 49퍼센트는 여전히 연구 단계에 머물러 있다. 치료 영역

별로 살펴보면, 당뇨, 비만 및 비알콜성 지방간염(NASH)을 포함해 다양한 대사증후군 관련 질병이 약 20퍼센트로 가장 많고, 면역 질환 및 항암제가 그 뒤를 이어 각각 17퍼센트와 15퍼센트를 차지하고 있다.

그림 10. 경구용 단백질 및 펩타이드 의약품 개발 현황

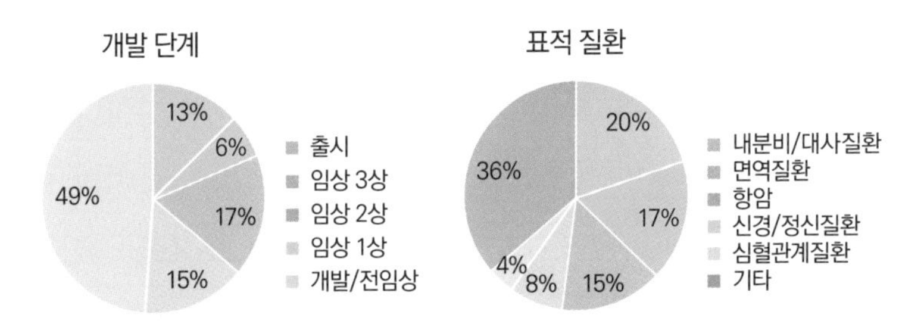

이 분야의 연구개발에 관심 있는 주요 글로벌 기업으로는 키아스마, 페링 파마수티컬, 아이언우드 파마수티컬, 노보노디스크 등이 있으며, 특히 경구용 기술에 전문화된 바이오텍 기업으로 에미스피어 테크놀로지, 프로타고니스트 테라퓨틱스, 시너지 파마수티컬 및 트랜스진 바이오텍 등을 들 수 있다.

원천기술 개발을 위한 노력

제제의 효과적인 투여나 여러 관련된 문제를 극복하기 위한 혁신적인 경구용 신약 기반 기술 개발도 활발하다. 대표적인 예로는 ORASCOVERY 기술(한미약품)을 비롯해 Robotic Pill Maker 기술(라니 테라퓨틱스), Peptelligence(엔테리스 바이오파마), Axcess 경구 약물 전달 기술(프록시마 콘셉트), Oral Peptide Utility System(OPUS) 기술(바이오링거스), 설하 면역 요법(SLIT) 기술(바이오링거스), Transient Permeability Enhancer(TPE) 기술(키아스마) 및 Oramed Protein Oral Delivery(POD) 기술(오라메드 파마수티컬) 등이 있다.

지난 10년 동안 이와 관련해 100여 건의 파트너십 또는 기술수출 계약이 체결되었다. 이중 39퍼센트가 물질 이전에 관련된 것이다. 다른 협업 유형으로는 공동 연구(25퍼센트), 기술 라이센스 계약(9퍼센트) 등이 있다. 막바지 임상 개발 단계에 있는 파이프라인들이 많다. 기술이 발전함에 따라 향후 10년 동안 시장은 꾸준히 성장할 것이며, 2030년까지 20개에 가까운 경구용 바이오 의약품의 승인이 예상된다.

표 1. 경구용 신약을 위한 기반기술 및 제품

<table>
<tr><th>기술명</th><th>회사명</th><th>적용약물</th><th>적응증/
개발단계</th><th>비고</th></tr>
<tr><td rowspan="4">ORASCOVERY</td><td rowspan="4">한미약품</td><td rowspan="2">파클리탁셀</td><td>전이성 유방암/허가 신청 중</td><td rowspan="4">P-당단백 저해제를 이용한 경구 생체이용률 증가 기술</td></tr>
<tr><td>혈관육종, 연조직육종/임상 1상</td></tr>
<tr><td>도세탁셀</td><td>고형암/임상2상</td></tr>
<tr><td>이리노테칸</td><td>고형암(대장암)/임상 2상</td></tr>
<tr><td rowspan="3">Robotic Pill Marker</td><td rowspan="3">라니 테라퓨틱스</td><td>옥트레오타이드</td><td>말단비대증, 신경 내분비 종양/임상 1상</td><td rowspan="3">약물이 위에서 분해되는 것을 방지하고, 장벽에 약물이 채워진 마이크로 바늘로 흡수를 가능케하는 기술</td></tr>
<tr><td>기저 인슐린</td><td>당뇨/전임상</td></tr>
<tr><td colspan="2">종양괴사인자-알파, GLP-1 작용제, 인터페론 베타1a, 소마토스타틴, 성장호르몬, 혈청 부갑상선 호르몬 개발 중</td></tr>
<tr><td rowspan="3">Peptelligence</td><td rowspan="3">엔테리스 바이오파마</td><td>류프로릴린</td><td>자궁 내막증/임상 2상</td><td rowspan="3">밀착연접 간극을 넓혀주는 투과 촉진제와 시트르산을 약물과 함께 장용 코팅정으로 경구 생체이용률 향상</td></tr>
<tr><td>토브라마이신</td><td>요로 감염/임상 1상</td></tr>
<tr><td colspan="2">생식선 자극 호르몬-방출 호르몬 유사체, 옥트레오타이드, GLP-1 유사체 개발 중</td></tr>
</table>

<table>
<tr><td rowspan="2">Axcess</td><td rowspan="2">프록시마 콘셉트</td><td>인슐린</td><td>당뇨/
임상 2상</td><td rowspan="2">경구 생체이용률 향상을 위한 캡슐 제형</td></tr>
<tr><td colspan="2">칼시토닌, GLP-1 유사체, 인터페론, C-펩타이드 개발 중</td></tr>
<tr><td>OPUS(Oral Peptide Utility System)</td><td>바이오 링거스</td><td>GLP-1 유사체</td><td>당뇨/개발</td><td>설하 투여</td></tr>
<tr><td>SLIT(Sublingual Immunotherapy)</td><td>바이오 링거스</td><td>인터루킨-2</td><td>1형 당뇨/
개발</td><td>설하 투여 (주사제형 대비 500배 낮은 용량)</td></tr>
<tr><td>Transient Permeability Enhancer(TPE)</td><td>키아스마</td><td>옥트레오타이드</td><td>말단비대증/
허가</td><td>펩타이드가 포함된 수용성 용액과 흡수촉진제가 포함된 지용성 용액의 매트릭스를 장용 코팅제형에 충진</td></tr>
<tr><td rowspan="3">POD
(Protein Oral Delivery)</td><td rowspan="3">오라메드 파마수티컬</td><td>ORMD-0801 type 1 (인슐린 캡슐)</td><td>1형 당뇨/
임상 2상</td><td rowspan="3">단백질 분해효소 저해제와 흡수 촉진제를 함께 투여하여 경구 생체이용률 향상</td></tr>
<tr><td>ORMD-0801 type 2 (인슐린 정제)</td><td>2형 당뇨/
임상2상</td></tr>
<tr><td>ORMD-0901 (GLP-1 유사체)</td><td>2형 당뇨/
임상 1상</td></tr>
</table>

백신, 맞을래? 먹을래?

백신은 접종 방법에 따라 주사용, 분무식, 먹는 백신으로 구별된다. 대부분 주사제인 백신을 경구적으로 간편하게 투여할 수 있다면 백신을 맞기 위해 병원을 갈 필요도 없고 근육, 피하 투여로 인한 감염 문제로부터도 해방될 수 있다. 또한, 면역성 유도의 부족, 제조 단가 등 백신 기술의 단점도 개선할 수 있다. 우수한 점막 백신 전달 기술이 개발된다면 점막 면역뿐만 아니라 전신 면역계에서도 항원 특이적인 면역반응을 유도할 수 있다. 현재 로타바이러스, 살모넬라, 콜레라 등에 대한 경구용 백신이 상용화돼 있다.

표 2. 상용화된 경구 및 점막 백신

바이러스/균	약물명	구성	경로
폴리오바이러스	폴리오백신	생백신	경구
인플루엔자	플루미스트(FluMist®)	생백신	비강
인플루엔자	나소백(Nasovac®)	생백신	비강
로타바이러스	로타릭스(Rotarix®), 로타텍(RotaTeq®)	생백신	경구
살모넬라 티피	비보티푸(Vivotif®)	생백신	경구
콜레라	오로콜(Orochol®)	생백신	경구
콜레라	듀코랄(Ducoral®)	사백신	경구

최근에는 백신의 용도가 감염성 질병 예방에만 국한되는 것이 아니라, 암, 자가면역 질환을 포함한 각종 난치성 질환으로 확대돼 치료용 백신도 개발되고 있다. 그러나 점막을 통해 백신을 전달하려면 점막 고유의 방어체계를 뚫어야 하므로 효율적인 항원전달기술의 개발이 관건이 되며, 면역증강제가 필요할 수도 있다. 많은 점막 백신 연구에도 낮은 전달 효율성 및 강력한 점막 면역증강제의 부재 등으로 상용화에 어려움을 겪고 있는 상황이다. 따라서 소화관 내에서의 안정성을 향상시키고 점막에서의 면역원성을 높이며 대량 생산이 용이한 효율적인 경구용 점막백신 전달기술 개발, 면역증강효과와 항원전달체 기능을 융합한 다기능성 점막백신 전달기술 개발에 집중하고 있다.

미생물의 세포 표면에 원하는 단백질을 부착해 발현시키는 기술을 세포 표면 발현(cell surface display) 기술이라 한다. 이 기술은 박테리아나 효모 등 미생물의 표면 단백질을 표면 발현 모체(surface anchoring motif)로 사용해 외래 단백질을 표면에 발현시키는 기술을 이용하면 경구 백신을 생산할 수 있다. 살아있는 미생물은 중요한 전달체로 사용할 수 있다. 예를 들어, 살모넬라 균은 장내 파이어 판(Peyer's patch)에서 증식해 전신적으로 임파절을 통해 비장까지 도달하므로 매우 중요한 전달체로 연구되고 있다. 그리고 오랜 세월 사람들은 요거트 같은 발효식품을 섭취함으로써 위장관의 유산균이 건강에 좋은 영향을 준다는 것을 알게 되었다. 이러한 효과들의 대부분이 유산균의 면역 조절능 때문이기에 유산균의 백신 목적 사용에 큰 관심을 불러일으켰다.

경구 백신은 면역글로불린 G(Immunoglobulin G, IgG) 등의 항체 생산을 유도하는 전신 면역 반응과 분비형 면역글로불린 A(Secretory Immunoglobulin A, sIgA)에 의한 국소적 면역 반응를 동시에 유도하기 때문에 질병 감염억제 및 예방을 위한 목적으로 연구되고 있다. 예를 들어, 유산균의 세포외막 단백질(pgsBCA)을 이용해 유산균의 표면에 질병을 일으키는 원인체(바이러스 및 균)의 항원 단백질을 표적으로 선택해 최종적으로 표적 항원 단백질을 표면 발현하는 유산균 제제를 만들 수 있다. 이는 대상 질병에 대한 경구용 백신을 개발할 수 있는 기술인 것이다. 그 밖에도 미코박테리움(Mycobacterium)이나 아데노바이러스(Adenovirus), 폭스바이러스(Poxvirus) 등도 전달체로 연구되고 있다.

최근 전 세계에 유행한 코로나19 바이러스의 경우도 이에 대한 예방 목적의 경구용 제제 개발이 가능하다. 코로나19 바이러스의 유사 입자 등을 주요 항원으로 표면 발현하는 면역 유산균을 만들 수 있는 것이다. 유산균을 숙주로 사용하므로 다른 어떤 미생물을 사용하는 것보다 심리적 불안감이 낮으며, 경구로 투여하게 돼 장기 투여가 가능하다. 또한 개발된 유산균을 유산균 배양액에서 단순 배양 생산하므로 경제적이다.

미래 경구용 백신 연구 분야 중에는 식용 식물 섭취만으로 백신 효과를 기대하는 방법도 있다. 이는 미생물, DNA, 형질전환 식물체 등을 매개체로 하는 백신이다. 형질전환 시킨 식물체에서 생산된 항원단백질이 포함된 과일이나 식물을 평소처럼 먹어서 질병의 예방효과를 얻는다는 원리이다. 유전자 변형 식물체로는 바나나, 감자, 당근, 토마토, 상추 등이 가능할 수 있다.

경구 백신과 비교해 비경구 백신의 경우에 보통 더 높은 방어 면역능을 일으킴에도 얻어진 면역능은 기대했던 것이 아닐 수 있다. 병원균은 침입 경로에 따라 점막 반응이나 전신 반응을 일으키게 되는데 각 반응들은 체액성 또는 세포성 요소들을 포함한다. 상처 감염과 같이 병원균이 전신 경로를 통해 침투하는 경우는 비경구 백신이 매우 효과적일 수 있으나, 병원균의 초기 감염은 대부분 병원균이 전신으로 퍼지기 전에 주로 폐나 장관의 점막을 통해 이루어진다. 따라서 비경구 백신은, 전염성 병원균이 면역이 형성되지 않은 다른 개체로의 전파를 낮출 수는 있지만 감염경로를 차단시키는 예방은 어렵다. 이러한 효과는 점막 면역을 통해서만 얻을 수 있다.

그림 11. 유산균 표면 발현을 통한 질병 예방용 제제 및 경구 백신 기술의 예

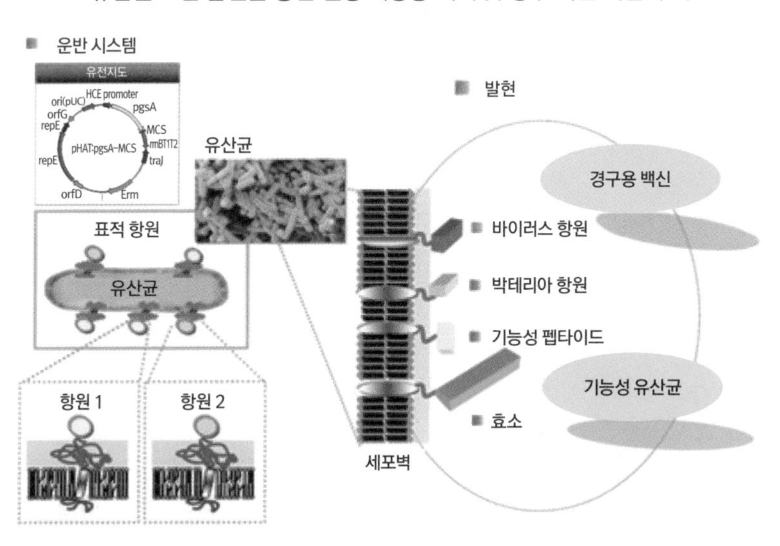

세계보건기구(WHO)에서는 어린이를 위한 백신으로 비용이 저렴하고, 쉽게 접종이 가능하고, 냉동 작업 없이 보관이 가능한

백신이 이상적이라고 발표한 바 있다. 만약 항원단백질을 생산하는 식물을 이용한 경구 백신이 만들어진다면 이러한 조건을 모두 충족할 것이다. 이렇듯 경구 또는 점막 백신은 안전성, 경제성, 접종의 수월성 등 많은 면에서 주사용 백신의 한계를 획기적으로 극복할 수 있으므로 연구개발에 큰 관심을 가져야 한다.

주사용 항암제를 먹는 약으로 만드는 마법

한미약품은 2000년대 초부터 오럴 바이오의 중요성을 인식하고, 비경구 항암 주사제를 중심으로 경구형 전환 기술 연구개발에 전념해 '오라스커버리(ORASCOVERY; Oral Drug Discovery)'라는 혁신적인 기반 기술을 발표하고 기술 수출에 성공한 바 있다. 암은 전 세계적으로 성인 사망의 가장 중요한 원인의 하나가 되는 치명적인 질병으로, 그 발생 빈도가 점차 증가하는 추세에 있다. 병용 요법이 요구되는 경우가 많아 그 치료 방법이 매우 복잡하고 불편할 수밖에 없다. 게다가 많은 유용한 항암제들이 경구로 투여되었을 때 위장관 상피세포에 많이 존재하는 P-당단백(P-glycoprotein)의 약물 배출펌프에 의해 위장관에서 흡수가 제대로 이루어지지 않아 효능을 나타내지 못한다. 따라서 대부분이 주사제로 사용되고 있다. 이에 따른 불편과 부작용을 해결하기 위해 많은 글로벌 제약사들이 P-당단백 저해제를 개발해 항암제와 병용 투여함으로써 항암제의 경구 흡수를 촉진시키고자 하였다. 현재 한미약품이 매우 효과적인 경구흡수 증진제인 엔서퀴다(encerquidar; HM30181A)라는 신기한 P-당단백 저해제를 찾아 세계 최초로 자체 연구개발에 성공해 상용화를 앞두고 있다(그림 12).

그림 12. 일반적인 배출펌프 작용 기전 및 P-당단백 저해제(Encequidar)에 의한 영향

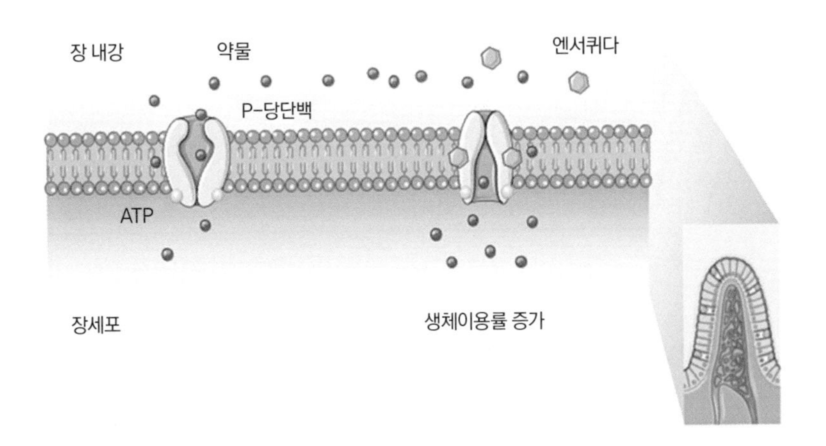

예를 들어 파클리탁셀은 유방암, 난소암, 폐암 등 여러 암종에 탁월한 치료효과가 있는 항암제로 화학 요법제 중 가장 많이 쓰이고 주목받아 온 치료제이다. 하지만 항암 치료에 사용되는 대부분의 약물과 마찬가지로 파클리탁셀은 약물 투여에 따른 부작용과 더불어 항암제에 대한 내성을 갖는 암세포 출현 등의 문제점을 가지고 있다. 파클리탁셀은 경구적으로 투여했을 때 생체 이용률이 극히 미미해 주사제로만 사용되고 있으며, 수용액에 잘 녹지 않는 난용성 화합물이기 때문에 이를 용해시키기 위해 크레모포어 같은 알러지 등 부작용을 야기할 수 있는 특수한 용제를 사용해야 한다. 이를 먹는 약으로 개선하면 투여를 위해 병원에 입원할 필요 없이 환자의 자가 치료를 가능하게 하며, 약물 투여의 편리성과 안전성을 높이고 의료 비용을 줄일 수 있을 뿐만 아니라, 기존 주사제로는 적용이 어려웠던 다양한 희귀 암종에 대한 유용성도 찾아낼 수 있다.

팔방미인 오라스커버리

실제로 한미약품이 연구 개발한 P-당단백 저해제는 '오라스커버리'라는 기반 기술명으로 2011년 미국 아테넥스에 기술 수출되었으며, 2018년 미국 FDA로부터 혈관육종 치료 희귀의약품, 2019년 유럽 EMA로부터 연조직육종 치료 희귀의약품으로 잇달아 지정되었다. 현재 이를 이용한 경구용 파클리탁셀 제제가 전이성 유방암 치료제(제품명: Oraxol® / Paxolea®)로 미국 FDA 승인을 앞두고 있다. 그동안의 다양한 임상시험 결과, 기존 정맥주사(IV injection)용 파클리탁셀 제제와 비교해 한미약품의 기술이 적용된 경구용 파클리탁셀 제제는 생체 이용률이 높고 신경병증, 호중구감소증, 과민증 등과 같은 부작용이 감소한 것을 확인했을 뿐만 아니라, 우수한 약동학적 프로파일도 보여주었다. 최근에는 이 약물이 현재까지 입증된 치료제가 전혀 없던 혈관육종에도 매우 효과적이라는 임상 2상 결과를 발표하였다. 또한, 일라이릴리의 사이람자(Cyramza®, 성분명 라무시루맙), MSD의 키트루다(Keytruda®, 성분명 펨브롤리주맙) 등 다른 항암제와의 병용요법을 기반으로 혈관육종, 위식도암, 방광암, 비소세포폐암 등으로 적응증을 지속적으로 확대하는 연구도 진행 중이다. 그리고 새로운 P-당단백 저해제는 다른 다양한 주사 약물 요법제에도 활용이 가능한 기반기술로서, P-당단백 기질인 기존의 다양한 주사용

약물(예: 도세탁셀, 토포테칸, 비놀레빈 등)에도 적용돼 새로운 경구용 제제의 개발에 활용되고 있다.

표 3. 한미약품 '오라스커버리'기술을 활용한 다양한 경구용 신약 파이프라인

프로그램	후보물질	약물명	적응증	단계
오라스커버리 (P-당단백 저해제 [엔서퀴다] + 화학요법제)	경구용 파클리탁셀+ 엔서퀴다	오락솔	전이성 유방암	임상3상
			혈관육종	임상2상
	경구용 파클리탁셀+ 엔서퀴다	오락솔+ 펨브롤리주맙	고형암	임상1상
	경구용 파클리탁셀+ 엔서퀴다	오락솔+ 라무시루맙	위암	임상1상
	경구용 파클리탁셀+ 엔서퀴다	오라테칸	고형암	임상1상
	경구용 도세탁셀+ 엔서퀴다	오라독셀	고형암	임상1상
	경구용 토포테칸+ 엔서퀴다	오라토포	고형암	임상1상
	경구용 에리불린+ 엔서퀴다	에리불린 ORA	고형암	임상1상

이러한 예에서 보듯이 '오럴 바이오'는 단순히 약물 복용의 편리성 및 효과를 증대시키는 것을 뛰어넘는다. 기존 약물의 부작용을 감소시키는 것에 더해 기존 주사제제 형태로는 불가능했던 치료 영역의 확대까지 가능케 해준다. 이는 유효성 및

안전성이 획기적으로 개선되기 때문에 활용 분야가 자연스럽게 넓어지는 것이다.

도전하지 않은 두려움보다 더한 실패는 없다

경구용 바이오 의약품의 성공이 어려운 이유는 기본적으로 인체가 가지고 있는 소화기관 때문이다. 경구용으로 바이오 의약품을 투여했을 때 우리 몸의 대표적 소화기관인 위와 장에서의 매우 낮은 수용성과 투과성 그리고 안정성 때문에 생체 내 이용률이 급격히 떨어진다. 또한 개인마다 다른 소화기관의 특성과 음식섭취 상태에 의한 영향까지 받을 수 있어서 일관성도 없다는 단점이 있고, 소화기관 내에서는 바이오 의약품으로서 활성을 잃기 쉽다는 단점도 있다. 이러한 문제점을 보완해 약물의 흡수 및 이용률을 높여주는 기술의 개발이 미래의 의약품 개발에 매우 중요하다. 단순히 주사제에서 경구제로의 개념이 아닌, 새로운 유도체를 만들거나 기존 의약품과의 차별점을 연구해 추가적인 적응증을 확대하는 병용 전략을 통해 진정한 혁신 신약으로서의 가치를 높여야 할 것이다.

한미약품은 그동안 400여 개 이상 경구용 의약품을 개발하였다. 본격적인 포스트 코로나 시대의 보건 의약품 시장의 선두 주자로서, 경구용 의약품 개발에서 세계 최고의 기술을 보유하고 있다. P-당단백 저해제를 활용한 '오라스커버리' 기술은 혁신적이다. 조만간 상용화뿐만 아니라 적용 대상 제제와 적응증, 그리고 새로운 병용요법까지 기대하고 있다. 10여 건의 관련 파이프라인이 파트너사와 함께 순조롭게 임상 개발을 진행하고 있다. 이는 대형 바이오 시밀러(바이오 의약품 복제약) 공장을 기반으로 하는 기존의 국내 주요 바이오 기업과 완전히 다른 차별화된 전략이 될 것이다.

또한 한미약품은 올해 전 세계적으로 공포의 대상이 된 코로나19 바이러스를 포함한 다양한 예방 면역 제제를 개발하기 위해 이미 유수의 기업들과 공동 연구를 시작하였다. 코로나19에 대한 확실한 예방법이나 치료제가 개발돼 있지 않은 상황에서 안전성이 인정된 경구 백신의 개발은 시장 창출을 넘어 인류의 건강을 위한 큰 공헌이 될 것이다. 그리고 경구 및 점막 백신 기술은 핵심 기반 기술로서 향후 유사한 사태가 재발할 때 신속하고 효과적으로 대응할 수 있을 것이다. 식물에서 바이러스 유사체를 대량으로 만들어낸다거나, 감자, 바나나, 토마토, 상추 등 평소 쉽게 섭취하는 식용 식물과 과일에 항원단백질이 포함되도록 형질전환시켜 질병 예방에 도움을 주는 연구도 주목해야 할 유망한 기술이다.

이렇듯 '오럴 바이오'는 혁신 바이오 의약품 개발 분야에서 엄청난 잠재력을 가지고 있다. 도전할 가치가 충분하고 분명한 분야이다. 남은 문제는 '도전하지 않은 두려움보다 더한 실패는 없다'는 강한 의지와 자신감이다.

제4장

시티 바이오

City Bio

안태진·김아람

안태진 Tae Jin Ahn

서울대학교 생물정보학 박사

현재, 한동대학교 생명과학부 교수

주요 논문: 「Personalized identification of altered pathways in cancer using accumulated normal tissue data」, 「Deep learning-based classification and interpretation of gene expression data from cancer and normal tissues」 등

김아람 Ah-Ram Kim

미국 뉴욕주립대학교 유전생화학 박사

현재, 한동대학교 생명과학부 부교수

주요 논문: 「Recent omics technologies and their emerging applications for personalised medicine」, 「Integrative analysis of 111 reference human epigenomes」 등

시티 바이오

2006년 4월 앤 워치츠키는 23andMe를 창업하였다. 2007년 구글과 제약사 제넨텍은 당시 구글 창업자의 아내였던 앤 워치츠키의 회사에 3,900만 달러를 투자하였다. 이를 기점으로 23andMe는 당시에는 생소하던 소비자 유전자 검사를 세계 최초로 상품화하였다. 지금도 사용되고 있는 23andMe의 유전자 분석 기법은 DNA chip 기반의 bead express 기술인데, 출시 당시부터 원가에도 미치지 않는 가격에 개인의 유전자 정보를 생성하는 서비스를 제공하기 시작하였다. 서비스 출시 당시에 23andMe의 서비스를 구매한 개인은 집으로 테스트 키트를 배송 받았다. 자신의 타액을 채취 도구에 받아 밀봉해 회사에 보내면 회사에서 분석한 결과를 이메일 보고서 형태로 돌려받는 방식이었다.

참여의학, 일반인이 과학 발전에 기여하는 시대

23andMe의 서비스를 구매한 개인은 자신이 어느 인종의 후손인지, 만성질환의 평생 위험도는 어느 정도인지를 비롯해 약 80만 개에 달하는 자신의 유전정보를 돌려받았다. 누구나 인터넷 주문으로 자신의 유전정보를 생성할 수 있다는 상품은 혁신적이었다. 하지만 미국 식품의약안전처(FDA)는 23andMe 제품이 충분히 안전하지 않다고 판단했다. 검사장치가 의료장비 수준만큼의 정밀도를 확보하지 못했으니 구매자에게 잘못된 결과를 알려줄 수 있다는 것이었다. 2012년 FDA는 23andMe에 경고 메일을 보냈고, 2013년 말 23andMe는 질병 위험도를 알려주는 서비스를 중지하였다. 이후 23andMe는 FDA에 의료기기 승인 신청을 하였고, 주요 유전질환의 보인자를 탐지할 수 있는 의료기기로 승인을 받고 사업을 재개했다. 2017년 이후 23andMe는 탐지 가능한 질환군(群)을 넓혀 알츠하이머병, 파킨스병을 포함한 6개 질환에 대한 승인을 추가로 얻은 데 이어 BRCA를 활용한 유방암 위험도의 승인도 얻음으로써 한 번의 유전자 테스트로 40여 개의 다양한 희귀 유전질환 및 주요 질병에 대한 위험도를 제공

할 수 있게 되었다.

미국은 다민족 국가여서 자신의 조상이 누구인지 알고자 하는 욕구가 강하다. 따라서 23andMe의 서비스는 어렵지 않게 공감대를 넓힐 수 있었다. 2008년 창업 후 지금까지 500만 명이 넘는 미국인이 그 서비스를 구매하였다. 23andMe를 시작으로, 비슷한 서비스를 제공하는 ancestry.com, pathway genomics 같은 회사들이 생겨났다. 1,500만 명이 넘는 미국인이 유전정보 서비스를 구매하였다. 누구나 인터넷으로 주문만 하면 자신의 유전정보를 생성하고, 자신의 조상, 식이 특성, 머리색과 같은 신체적 특성, 희귀 유전병의 보인자 효과 및 파킨슨병을 포함한 주요 복합 질병의 위험도 정보를 제공받을 수 있는 Direct To Consumer(DTC)의 세상을 열어낸 것이다.

23andMe의 서비스가 출현하기 전에는 FDA의 승인을 받은 의료 진단 검사를 인터넷에서 직접 구매하고 서비스를 받는다는 개념이 대중적이지 않았다. 오직 병원에서만 FDA 승인을 받은 의료 진단 검사를 수행할 수 있었다. 지금도 여러 가지 안전에 관한 이유로 병원에서 진단 검사를 수행하는 것은 당연한 이치이다. 하지만 23andMe는 새로운 가치를 만들어냈

다. 그것은 당장 위급하고 위중한 의료적 치료 목적의 진단 검사는 아니지만, 미래의 언젠가 심각한 질병으로 나타날 가능성이 높은 유전적 요인에 대해 미리 관리하고 대비할 수 있는 의료 진단 검사를 병원에 가는 수고와 불편 없이 집에서 원할 때 편하게 받을 수 있다는 점이다.

정밀의료, 참여의학의 가속화

2017년 오바마 정부는 백악관 직속으로 정밀의료추진단을 만들었다. 미국 정밀의료추진단은 홈페이지에 개인에게 맞춤화된 치료를 공급하고, 건강한 사람의 건강을 계속 지킬 수 있는 혁신적인 의료를 만들겠다는 목표를 내걸었다. 이를 위해 개인의 유전정보, 장내 균총 정보, 대사체, 단백체 정보, 의무기록, 웨어러블 기기에서 사용되는 라이프 로그(Life Log) 정보를 모두 수집하고 분석한다. 한 개인이 생성하는 모든 건강 정보 등을 모으고, 이를 종합적으로 분석해 개인에게 맞춤화하겠다는 것이다.

유전체 분석 기술을 비롯해 바이오, IT 센서 기술이 발전해

한 개인에게서 측정할 수 있는 생체 표지자의 종류는 비약적으로 늘어났다. 개인의 유전정보는 타고난 신체적 기질, 만성질환 위험도 등에 대한 정보를 제공해주며, 기질 및 질환의 종류에 따라 편차가 있지만 20~40퍼센트 정도를 유전적 요인으로 설명할 수 있다. 타고난 유전자가 아닌 부분은 환경적 요인에 따라 변하는 것으로 설명할 수 있다. 우리 몸에 공생하는 미생물은 한 사람당 약 2~4킬로그램 정도의 무게를 차지하며, 인간의 유전정보보다 100배 많은 유전정보를 제공하고 있어 인간의 건강 유지에 도움을 주고 있다. 이렇게 바이오와 IT 융합기술이 생체에서 일어나는 수많은 일을 모니터링하고 주요 표지자들을 찾아낼 수 있게 해줌으로써 개인 맞춤형 처방이 가능해지고 질병의 경과 및 예후를 예측할 수 있을 뿐만 아니라, 사전 예방이 가능해지고 있는 것이다.

레로이 후드(Leroy Hood) 시스템생명과학연구소(Institute of Systems Biology) 소장은 미래의 의료는 'P4 Medicine', 즉 개인 맞춤의(Personalized), 예측가능하며(Predictive), 예방적이며(Preventive), 참여적인(Participatory) 형태로 진화한다고 예측하였다. 2020년 레로이 후드 박사는 108명의 건강한 사람이 참여한 정밀의료 연구논문을 발표하였다.(ref1) 연구에 참여한

108명은 유전체, 장내 균총, 라이프 로그, 단백체, 대사체 분석을 받은 다음에 의사, 영양사, 운동처방사의 상담을 받고 맞춤형 라이프스타일을 처방받았다.

3개월 동안 처방을 잘 지킨 뒤, 또 다시 모든 검사를 받고 개선 효과를 관찰한 다음, 보완된 맞춤형 라이프스타일을 처방받았다. 그리고 3개월이 더 지난 시점에서 재검사를 받고 개선 효과를 판정받았다. 해당 연구의 참여자들은 암 같은 주요 질병이 없는 건강한 사람들이었지만 당뇨, 혈압, 콜레스테롤 등 고위험군에 속한 사람들도 있었는데, 연구를 마친 뒤의 그들 모두는 통계적으로 유의미하게 혈당, 혈압, 콜레스테롤 등 위험 인자가 개선되었다.

레로이 후드 박사의 연구는 한 사람에게서 유전체, 장내 균총, 단백체, 대사체, 라이프 로그 등 모든 정보를 시간 순으로 관찰하면 질병의 위험 수준을 예측하고(Predictive), 개인 맞춤화된 라이프스타일을 처방할(Personalized) 수 있으며, 질병의 위험을 관리해 예방할(Preventive) 수 있음을 보여주었다. 이 결과를 얻기 위해 반드시 필요한 것은 모든 정보를 생성, 분석할 수 있는 개인의 참여(Participatory)이다.

개인의 참여, 건강 장수 혁명의 마지막 조각

과학자들은 생체의 많은 표지자를 정확하고 신속하며 값싸게 측정할 수 있는 기술을 개발해왔다. 그중에는 베이징유전체연구소(BGI:Beijing Genome Institute) 초대 소장을 역임한 준 왕(Jun Wang) 박사도 있다. 그는 1999년 중국의 생명정보학자들을 이끌며 인류 최초로 인간의 유전체를 해독해낸 휴먼 게놈 프로젝트에 참여했다. 그 뒤 아시아인 유전체를 세계 최초로 해독해내고, 염소, 판다, 사스 바이러스 등의 유전체를 세계 최초로 해독하는 데 기여했다.

베이징유전체연구소는 성장을 거듭해 독자적인 유전체 분석 장비를 확보하고 세계에서 가장 싼 가격에 유전체 분석을 할 수 있는 수준에 이르렀다. 준 왕 박사는 연구 능력이 절정에 이르던 무렵에 베이징유전체연구소를 사퇴하고 iCarbonX라는 회사를 설립하면서 "생명과학과 유전체 데이터는 모두 데이터 병목 현상을 향해 가고 있으며, 인공지능과 머신러닝만이 빅데이터와 인류의 건강 문제를 해결할 수 있다"는 비전을 제시하였다. 이러한 그의 행보와 비전 제시는 이례적으로 《네이처》에 소개되었다.(ref2, 3)

준 왕 박사는 TED에서 'All for one, one for all'이라는 메시지를 전하였다. 인간의 건강과 관련된 비밀을 해독하기 위해서는 모든 사람의 데이터를 한 사람을 위해 사용해야 하고, 한 사람은 역시 모두를 위해 데이터를 공유해야 한다는 뜻이다. 딥러닝 기술을 적용하기 위해서는 데이터가 많을수록 좋다. 단순히 많은 데이터를 얻기 위해서라면, 베이징유전체연구소에서 유전체 정보를 얻고 병원에서 의무 기록을 얻으면 될 텐데, 굳이 한 사람의 참여가 반드시 필요하다고 강조한 이유는 무엇일까?

그것은 한 사람의 데이터가 모두 이어진 형태로 있어야만 가치가 있기 때문이다. A라는 사람의 유전자 정보를 알고 있지만, 그 사람의 의무 기록은 존재하지 않는다거나, 의무 기록이 익명화돼 A라는 사람의 유전자 정보와 짝을 이룰 수 없는 데이터는 효율적으로 분석할 수 없다. 질병을 예측하고, 예방하고, 개인 맞춤형으로 치료하는 분석을 수행하고자 하면, 모든 데이터가 연결돼 존재해야 하고 시간에 따라 축적되어야 한다. 준 왕 박사는 이러한 형태의 데이터 구축을 위해 많은 사람들의 참여를 호소한 것이었다. 더 많은 사람들의 데이터를 공유할수록 더 정확한 분석을 통해 더 많은 질병들을 이해하고 예방할 수 있다.

데이터뱅크, 건강 장수 혁명의 원료 공급소

2012년 파킨슨병으로 투병 중이던 전설의 복서 무하마드 알리가 한 텔레비전 광고에 출연하였다. 23andMe의 유전자 검사 연구 활용 동의를 통해 신약 개발에 동참할 것을 호소하는 내용이었다. 23andMe는 참여자의 유전정보를 활용해 GSK(GlaxoSmithKlinev), 제네테크(Genentech)를 포함한 7개 이상의 다국적 제약회사와 공동으로 신약 개발을 진행하였다. GSK의 최고 과학책임자이자 R&D 사장인 핼 바론은 "유전자 정보를 바탕으로 한 약물 표적이 환자에게 확실한 혜택을 제공하는 의약품으로 개발될 가능성이 훨씬 높다는 것을 알기 때문에 GSK는 이런 독특한 파트너십에 대한 기대가 매우 크다"라고 밝힌 가운데 암, 파킨슨병, 감염 질환의 연구를 진행하고 있다.

23andMe 소비자의 참여와 연구진의 노력은 드디어 결실을 맺게 되었다. 2020년 1월 유전체 정보기반 신약 후보를

스페인 제약사 알미랄(Almirall)에 기술 이전하게 된 것이다. 23andMe는 약 800만 명에 이르는 참여자의 유전정보를 분석해 IL-36의 모든 패밀리에 붙을 수 있는 이중항체를 제작했다. IL-36은 광범위한 염증 및 피부 염증과 관련된 사이토카인(cytokine)으로, 항체를 사용해 이의 기능을 막는 기전을 통해 염증 및 피부 질환 치료에 사용될 것으로 기대되고 있다. 23andMe의 그 신약 기술 이전은, 2015년 무하마드 알리의 텔레비전 광고처럼 한 사람의 참여가 많은 환자들에 대한 희망으로 돌아올 수 있는 상징이라고 할 수 있다.

2020년 현재, 23andMe의 누적 사용자 수는 1,000만 명에 육박하고, 이중 80퍼센트는 자신의 정보를 신약 개발을 포함한 연구 목적으로 활용하는 것에 동의했다.(ref 4) 약 800만 명의 참여자들이 자신이 받은 유전체 서비스 정보를 연구 목적으로 활용하는 것에 대해 명시적 동의를 함으로써 각종 질환으로 고통 받는 다른 사람들을 돕게 되는 것이다. 신약 개발을 수행하는 제약회사 입장에서도 이러한 자발적 참여는 크게 도움이 되고 있다. 23andMe와 3,000만 달러 규모의 연구 계약을 체결한 GSK는 유전체 정보를 사용해 신약 개발을 수행할 경우에 그동안의 사례로 볼 때 신약 개발의 성공률이 2배 높아진다고 예상하고 있다.(ref5) 많은 사람들의 유전정보를 모아 질병의 예측과 치료에 이용하겠다는 구상은 이미 실현되고 있는 가운데 미국, 영국을 비롯한 세계 각처에서 민간 또는 국가가 주도적으로 유전정보 데이터베이스를 만들면서 시민의 참여를 독려하기 시작했다.

대표적인 사례가 영국이 국가 주도로 수행한 UK Biobank 프로젝트이다. 이 프로젝트를 통해 참여자 50만 명의 유전체 정보, 의무기록 정보, 모바일 기기를 활용한 라이프 로그 정보, 혈액 내 단백체, 대사체 정보 등을 구축했으며, 6개 이상의 다국적 제약회사가 이들 정보를 활용한 신약 개발 연구에 참여하고 있다. 이 사례에 고무돼 유럽 전체에서 100만 명의 정보를 UK Biobank와 동일한 형식으로 구축하는 프로젝트가 시작되었다.

미국도 오바마 대통령 시절에 만들어진 정밀의학추진체에서 정밀의학 코호트를 발족해 100만 명 이상의 정보를 모으기 위한 프로젝트를 착수했다. 'All of US'로 명명된 이 프로젝트에는 10만 명 이상이 참여하고 있다. 미국인 누구나 자원할 수 있으며, 참여자는 유전자 검사, 혈액 검사, 장내 균총 검사 등을 무료로 받게 되고, 해당 검사에서 의료적으로 알려져야 할 정보가 있으면 돌려받게 된다. 단순히 유전자 보고서의 형식에서 더 나아가 참여자에게 최대한의 이익이 돌아갈 수 있는 구조의 데이터 축적이 이뤄지고 있는 것이다.

표 1. 사용자가 동의한 유전체 데이터베이스(회사/국가 프로젝트)와 협약 제약사

유전체 출처	가용정보(건)	협약 제약사
23andMe	8,000,000	Genentech, GSK
deCODE Genetics	1,600,000	Amgen
UK Biobank	500,000	AbbVie, AstraZeneca, Biogen, BMS, Pfizer, Sanofi, Takeda
Geisinger	250,000	Regeneron
FinnGen	146,630	AstraZeneca, Biogen, BMS, Merck & Co, Sanofi
Mayo Clinic	100,000	Regeneron

도시 전체의 헬스케어 참여

국내에는 건강 100세 시대를 위해 일반 시민이 참여할 수 있는 프로젝트로 울산시, 울산과학기술원(UNIST), 지역병원(보람병원·울산병원·중앙병원)이 만든 '울산 1만 명 게놈 프로젝트'가

있다. 이 프로젝트는 정밀의료를 대중화해 시민들의 건강 증진에 기여하는 것을 목표로 하고 있으며, 최소 1만 명의 한국인 표준 유전정보를 수집하고 맞춤형 건강 증진과 의료비용 절감을 위한 기초연구를 수행한다. 궁극적으로 게놈 기반 질병 예측과 진단 및 치료기술 국산화·상용화를 실현하고, 참여자들로부터 기증받은 임상정보, 건강정보, 유전정보를 바탕으로 다양한 질병과의 연관성을 연구하며, 사용자 참여를 통해 유전체, 전사체, 단백질, 의료정보 등 바이오 빅데이터를 구축한다.

유엔 보고서에 따르면, 2050년까지 전 세계 인구의 68퍼센트가 도시 환경에서 거주할 것으로 예상하고 있다. 결코 우리나라도 예외는 아니다. 서울을 중심으로 한 수도권의 인구는 날로 증가하고 있으며, 지역 거점 도시들의 인구도 함께 증가하고 있다. OECD 보고서에 따르면, 서울의 인구 밀도는 뉴욕의 8배, 도쿄의 3배 이상으로 선진국 대도시 중 가장 높은 수준의 밀집도를 보이고 있다. 수많은 인구가 한정된 도시 공간에 거주하면서 교통·주택·환경문제와 더불어 대기질 및 수질 저하, 토양 오염, 소음 공해, 교통사고, 전염병 확산 등으로 인한 시민의 건강 문제가 심각하게 대두되고 있다. 또한 우리나라는 농촌뿐 아니라 도시에서도 고령화가 빠르게 진행되고 있다. 의학적 도움이 필요한 고령 인구의 급속한 증가는 고령 인구의 의료비 지출의 폭발적 증가를 초래할 것이다. 이에 따라 세계보건기구(WHO)는 도시환경을 인류의 건강에 결정적인 영향을 미치는 요인으로 보고, 1986년부터 도시지역 주민들의 건강문제를 통합적으로 지원하는 '건강도시 프로그램(The Healthy Cities programme)'을 전 세계 도시에 권장하고 있다.

최근 들어서는 그러한 도시 문제를 해결하기 위해 정보통신과 사물인터넷 전자기기, 빅데이터 등 첨단기술을 활용한 도시 모델이 주목받고 있다. 일명 '스마트시티'라 불리는 도시 기반의 혁신기술 융합 및 적용 플랫폼이다. 우리나라가 제정한 '스마트도시 조성 및 산업진흥 등에 관한 법률' 제2조에 따르면, 스마트시티란 '도시의 경쟁력과 삶의 질의 향상을 위해 정보통신기술을 융·복합하여 건설된 도시 기반시설을 바탕으로 다양한 도시 서비스를 제공하는 지속가능한 도시'를 말한다. 도시에서 삶의 질을 높이기 위해서는 출산, 건강관리, 병의 진단과 치료 및 재활, 휴양, 장례 등 다양한 헬스케어 서비스를 필요로 하는데, 이는 개별 또는 소그룹의 병원과 회사에서 제공할 수 있는 서비스 수준을 훨씬 뛰어넘는다. 한 도시의 효과적이고 지속가능한 건강문제 해결을 위해서는 해당 '도시'가 직접 나서야 한다. 즉, 다양한 분야의 첨단기술을 활용한 스마트시티의 종합적인 헬스케어 전략이 필요한 시점인 것이다.

그렇다면 세계 주요 도시(국가)들은 어떻게 시민들의 건강관리 서비스를 제공하고 있을까? 2017년 발표된 JUNIPER 연구 보고서에 따르면, 스마트시티의 4개 영역(모빌리티, 건강, 안전, 생산성) 별로 정책 수행과 미래 잠재력 분야에서 주목할 만한 여러 도시들을 분석한 결과, 건강 분야에서는 싱가포르 1위, 서울 2위, 런던 3위를 차지하였고, 스마트시티 전 분야 종합 순위에서는 싱가포르, 런던에 이어 뉴욕이 3위에 올랐다.

여러 연구 보고서에서 가장 높은 평가를 받은 도시의 하나인 싱가포르의 헬스케어 동향을 살펴보면, 한국과 같이 고령화가 급속히 진행되고 있지만 건강산업 기반시설이 세계 최고 수준이며, 헬스케어 분야의 다국적 기업, 스타트업과의 활발한 상호 협력 생태계를 구축한 도시국가라는 사실을 알 수 있다. 싱가포르의 보건의료 분야에 대한 개혁 의지를 강하게 보여주는 결정적인 사건 중 하나는 보건부 산하에 통합관리청(AIC: The Agency for Integrated Care)을 전격 설치한 정책이다. 싱가포르는 고령화 사회에 대응하기 위해 2012년 기존의 보건의료 체계를 개혁하는 건강관리 종합계획(Healthcare 2020 Masterplan)을 수립하고, 이 계획을 실천에 옮기기 위한 중앙 정부 컨트롤 타워의 역할을 통합관리청에 맡겼다. 건강관리 종합계획의 3대 지향점은 의료 서비스의 접근성을 높이고 질적 성장을 도모해 모든 시민이 합리적인 가격으로 필요한 의료 서비스를 누릴 수 있도록 하는 것이다.

먼저 의료 서비스의 접근성을 높이기 위해 종합병원, 지역병원, 민간 의료기관 및 커뮤니티 케어 서비스 제공 기관 등과 파트너십을 체결해 보다 확장된 의료 서비스를 통합적으로 제공하는 공공 보건의료 클러스터를 구축하였다. 또한 질적 성장을 도모하기 위해 질병 예방을 위한 국가 검진 프로그램(SFL), 만성질환관리 역량 강화를 위한 만성질환관리 프로그램(CDMP), 지역의 의료 서비스 향상을 위한 지역 클리닉 지원금 제도(CHAS) 등을 도입해 시민들이 일차적으로 의료 서비스를 받을 수 있는 민간 지역 의료기관과 병원, 그리고 집으로 찾아오는 홈케어 건강관리 서비스를 제공하는 기관에 대한 정부 지원을 늘렸다. 그리고 합리적인 가격에 높은 수준의 의료 서비스를 제공하는 선의의 경쟁적 환경을 유도하기 위해 공공 병원 및 정부 산하 의료기관에서부터 의료 서비스 비용은 내리고 의료 서비스 수준은 올리는 동시에, Medisave, MediShield Life 프로그램, 고령자 우대 프로그램 등을 통해 취약계층을 다중으로 보호하는 체계를 확립하였다.

이러한 싱가포르의 의료체계 개혁의 성과는 놀라웠다. 2019년 1월 19일 《헬스코리아 뉴스》에 소개된 싱가포르 보건부 발표에 따르면, 2011년부터 2017년 사이에 급성기 병상 1,700개, 재활 및 아급성기 병상 1,200개, 요양원 병상 5,300개가 증가하였다. 커뮤니티의 가정 기반 서비스와 센터 기반 서비스의 수용 증가폭은 각각 4,200곳과 2,900곳으로 나타났으며, 관련 보건의료 인력은 2011년과 비교해 2만 5,000명(36퍼센트)이 증가하였다.

뿐만 아니라, 2019년 9월 발간된 해외의료시장동향 보고서에 따르면, 싱가포르 정부는 2000년부터 '생명 의과학 이니셔티브(The Biomedical Science Initiatives)' 정책을 추진해 2003년 연구개발 중심의 바이오폴리스(Biopolis)를 개장하고, 신약 연구개발 및 제조를 위한 바이오메디컬 파크들을 건설하였다. 미국 FDA 등이 요구하는 세계적 수준의 제조 역량을 확립하기 위해 신약 제조 공정을 철저히 관리하고 감독해 제조 공정의 높은 신뢰성을 확보하면서 화이자, 노바티스, 사노피, 애보트, 암젠 등 세계적 제약업계 생산설비를 유치해 글로벌 제약 허브의 위상을 높이고 있다. 이는 정부 차원의 강력한 정책의 지와 지원, 그리고 민간기업과 연구기관의 유기적인 파트너십 운용이 이뤄낸 결과라고 볼 수 있다.

글로벌 ICT 주간동향 리포트에 따르면, 싱가포르는 원격 의료를 위한 인프라 구축, 클라우드 기반의 병원정보시스템(Hospital Information Systems) 개발에도 적극적이다. 예를 들어, 고령의 환자들이 병원을 직접 방문하지 않아도 원격의료 서비스를 통해 높은 수준의 의료 서비스를 받을 수 있도록 호흡, 체온, 심장 박동, 몸무게 같은 환자의 활력 징후를 스마트워치, 스마트지팡이 등과 같은 원격 모니터링 기기를 통해 의료진에게 전달하는 시스템을 구축하고 있다. 또한 필립스 헬스케어, 네이피어 헬스케어 등 민간기업과의 적극적인 협력을 통해 시민들의 규칙적인 건강관리 서비스를 제공하고 있다. 한 사람이 나이가 들어감에 따라 의료 서비스를 받는 횟수가 증가한다는 사실을 생각하면, 이러한 IoT 기술 기반의 원격의료 전략은 고령화 사회의 의료 시스템 과부하를 막으며, 고령자가 집에서 수준 높은 건강관리를 받을 수 있는 길을 열어준다는 점에서 그 의의를 찾을 수 있다.

싱가포르는 2014년 미래 도시 문제의 효과적인 해결을 위해 국가(도시국가) 전체를 스마트화하는 스마트 네이션(Smart Nation) 프로젝트를 출범시키고, 이를 관철하기 위해 정부 차원에서 강력한 드라이브를 걸었다. 그중 핵심은 스마트시티 전 분야에 큰 활력을 불어넣는 가상의 도시 기반 시설을 구축하는 것이다. 이는 디지털 트윈(Digital Tween)이라 불리는 3D 가상 플랫폼으로, 2019년 4월 6일 KBS 기사에 따르면, 싱가포르는 도시 전체(도로, 빌딩, 아파트, 테마파크, 가로수, 육교, 공원 벤치 등)의 구조물과 기능을 복제해 3차원 가상현실로 구현해 놓았다. 실제로 싱가포르의 도시계획 담당자들은 특정 타운을 설계할 때 바람이 건물 사이를 잘 통과하는지에 대해 가상현실에서 시뮬레이션하여 타운 전체 대기의 질을 높이는 데 기여하였을 뿐만 아니라, 새 건물을 세울 때 주변 주거시설과 공원 등의 일조권이 침해받지 않는지를 확인하고 이를 정책에 반영하고 있다. 대규모 공동시설에서 유독가스 유출 사태가 발생하거나 코로나19처럼 치명적인 전염병이 발생했을 때는 가스나 바이러스의 확산 방향과 범위 등을 시뮬레이션할 수 있어 위기 상황에 효과적으로 대처할 수 있다. 가상의 3차원 도시 기반 시설이 실제 시민들의 생활에 얼마나 큰 영향을 미칠 수 있는지를 보여주는 좋은 예이다.

영국 런던은 유럽 1위의 헬스케어 스타트업 생태계를 구축하고 있다. 스마트폰 기반 인공지능 원격의료 서비스를 제공하는 바빌론헬스는 대표적인 유니콘 스타트업이다. 런던은 싱가포르와 유사하게 원격 건강관리 및 도시의 의료 불평등을 줄이기 위해 다양한 정책을 시행하고 있을 뿐만 아니라, 개인의 유전정보와 인공지능을 바탕으로 개인 맞춤형 정밀의료 플랫폼 구축을 선도하고 있다. 2012년 세계 최초로 정밀의료용 프로젝트인 '10만 게놈 프로젝트'를 시작했던 영국은 2017년까지 총 3억 파운드(약 4,700억 원)를 투자해 2018년 12월에는 실제로 10만 개의 게놈 유전정보 해독을 마무리하였다. 이 프로젝트의 목표는 정상인과 암환자 등 다양한 환자 집단에서 획득한 빅데이터 기반의 인공지능기술을 통해 한 사람이 남은 일생 동안 가질 수 있는 질병을 사전에 진단하고 그 사람에게 가장 효과적인 치료법을 찾거나 질병을 선제적으로 예방하는 것인데, 10만 개의 유전정보를 기반으로 최근 런던을 포함한 5개 도시에 인공지능 의료기술센터를 설립하고, GE 헬스케어, 지멘스, 필립스 등 민간기업들과 협력해 암과 유전자 질환의 조기 진단 및 맞춤형 치료를 위한 인공지능 의료시스템 개발에 주력하고 있다.

'10만 게놈 프로젝트'의 성공사례 중 하나는 기존의 전통적인 진단방법으로는 알 수 없었던 희귀 유전질환의 원인을 찾아내 환자에 맞는 정밀 의료 치료를 시행하고 그 효과를 입증했다는 점이다. 2018년 《메디게이트뉴스》에 따르면, '10만 게놈 프로젝트' 연구팀은 간질 증상 및 발달지연 장애를 앓고 있는 한 아이의 GLUT1 유전자 변이를 발견하고, 이 유전정보를 바탕으로 탄수화물을 제한한 식이요법을 처방해 간질 증상을 완화시키는 데 성공하였다. 영국은 이 프로젝트의 성공에 힘입어 최근 '500만 게놈 프로젝트'로 목표 수치를 상향하였다.

영국의 '10만 게놈 프로젝트'는 여러 국가와 도시의 헬스케어 산업 발전에 영향을 끼쳐, 앞에서 설명한 2015년 미국의 100만 게놈 프로젝트나 국내 울산의 1만 게놈 프로젝트가 시작되었다. 《동아일보》 2020년 2월 기사에 따르면, 울산시와 게놈 프로젝트 공동협력 양해각서(MOU)를 체결한 기관은 ㈜클리노믹스, 한국식품연구원, 울산대, 미국 하버드대 등 28개 기관이다. 울산시는 빅데이터에 바탕을 둔 바이오헬스 산업을 울산의 차세대 먹거리 산업으로 육성할 계획을 발표하였다.

미국의 대표적 스마트시티인 뉴욕은 어떠한가? 2018년 KOTRA 보고서에 따르면, 뉴욕은 세계에서 가장 큰 디지털 헬스케어 시장 중 하나로, 미국의 원격진료 서비스 시장은 2012년에서 2017년까지 연평균 25.1퍼센트의 괄목할 성장세를 나타내고 있다. 싱가포르, 한국과 같이 미국 또한 고령화로 인해 심근경색, 당뇨병, 고혈압 같은 만성질환자 수가 증가함에 따라 원격진료 서비스와 원격진료용 자료 수집 및 건강관리를 위한 웨어러블 기기 개발을 확대하는 추세이며, 의료보험(Medicare and Medicaid)에 대한 정부 지원도 강화되고 있다. 미국 원격진료 서비스 시장에서 가장 큰 비중을 차지하는 분야는 의료기기와 원격진료용 장비이며 전체 원격진료 시장 매출의 절반 가까이를 차지하고 있다.

이와 더불어 뉴욕은 최첨단 빅데이터 도시로 탈바꿈하고 있다. 2019년 4월 27일 KBS 보도에 따르면, 뉴욕시는 2014년 모든 시민에게 동등한 인터넷 접근권을 허용한다는 '에퀴터블 시티(equitable city)'를 목표로 '링크 NYC(LinkNYC)'라 불리는 거대한 무선 네트워크 구축에 착수하였다. 도심의 인도 곳

곳에 수직 전광판 모양의 키오스크를 세워 한쪽에는 거대한 LCD 화면을 부착하고 다른 한쪽에는 USB, 키패드, 911 긴급 전화 버튼 등 다양한 활용이 가능한 입력·출력 장치들을 배치하였다. '링크 NYC' 키오스크 장비는 놀라운 기능을 가지고 있다. 주변 50미터 이내에 있는 사람들은 누구나 초고속 무선 인터넷을 무료로 이용할 수 있고, 키오스크 화면을 통해 지도나 도시 정보를 검색하고 길 안내를 받을 수 있을 뿐만 아니라, 키오스크의 이어폰 단자에 이어폰을 연결하면 미국 전역에 무료 온라인 전화를 걸 수 있으며 USB 단자를 이용해 스마트폰을 충전할 수도 있다. 또한 긴급 상황 발생시 911 긴급 전화를 호출할 수 있고, 311 민원서비스 버튼을 통해 도심에서 일어나는 일을 실시간으로 보고하고 도움을 요청할 수 있다. 날씨와 주요 뉴스, 각종 행사 및 시청의 공지사항 등 다양한 정보도 제공하고 있다. 이 모든 서비스가 뉴욕 시민과 관광객들에게 모두 무료이다. 어떻게 이것이 가능할까?

그 비밀은 키오스크 측면에 있는 55인치 대형 화면 안에 있다. 뉴욕시는 키오스크 양 측면에 설치된 대형 화면에 광고를 유치해 장비 관리 회사와 수익을 절반씩 나누는 방식으로 비용을 충당한다. 과다한 세금 투입 없이 시민들에게 유익하고 지속 가능한 서비스를 제공하고 있는 것이다. '링크 NYC' 키오스크의 활용 방안은 무궁무진하다. 스마트 헬스케어 분야도 예외가 아니다. 예를 들어 지속적인 모니터링이 필요한 환자에 부착된 웨어러블 기기에 이러한 키오스크와 송수신할 수 있는 간단한 모듈만 장착하면, 값비싼 4G·5G 통신 서비스를 이용할 필요가 없다. 긴급 상황에서는 가까운 병원, 약국 등 위치를 빠르게 파악할 수 있고, 공해나 미세먼지 같은 정보를 실시간으로 확인해 적절히 대처하도록 도움을 줄 수 있다. 지금까지 5개 자치구에 키오스크 1,800여 개를 설치한 뉴욕시는 오는 2024년까지 7,500여 개를 더 설치해 도시 전체를 커버하는 거대한 무선 네트워크를 완성할 계획이다.

뉴욕시는 자체적으로 수집한 빅데이터를 익명 처리한 후 대학, 민간기관, 그리고 시민들이 자유롭게 사용할 수 있도록 '모두를 위한 열린 자료(OpenData for All)' 정책을 시행하고 있다. 2013년 시장 직속으로 데이터 공유를 관장하는 MODA(Mayor's Office of Data Analytics)를 설립해, 여기서 뉴욕시의 민원 전화인 NYC311 등 100여 개의 기관으로부터 데이터를 수집한 다음, 익명으로 데이터를 가공해 NYC Open Data 사이트에 제공하는 방식이다. 수집되는 데이터의 종류는 사업용, 정부용, 교육용, 환경용, 보건용 등으로 다양하다. 보건 데이터에는 뉴욕시의 주요 사망원인, 식당의 위생 검사 결과, 유해 동물 분포, 코로나19 환자 및 사망자 수, 시민들의 건강 상태, 수질 등이 망라돼 있다. 이들 빅데이터는 주거, 환경, 보건 등 여러 분야에서 수준 높은 서비스 산업의 핵심 콘텐츠로 재탄생되고 있다.

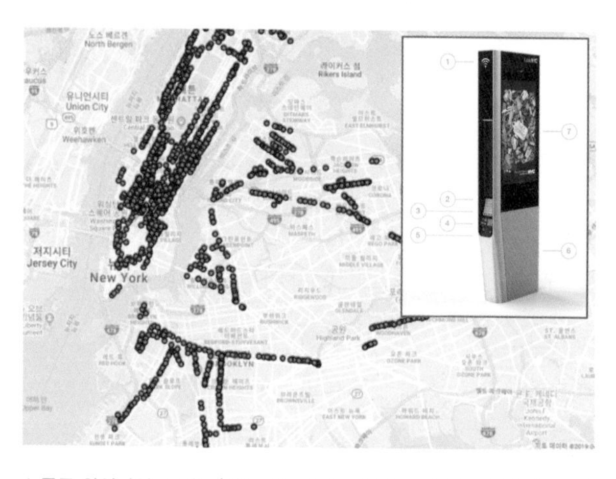

1.무료 와이파이 2.지도/안내 태블릿 3.무료전화 4.비상호출버튼 5.충전용 USB 포트, 6.통신용 안테나 7.광고 및 공지용 대형 LCD(Source: KBS & LinkNYC)

이러한 적극적인 데이터 수집 및 공유 정책이 시민들의 호응을 얻기 위해서는 개인정보 및 사생활 보호 측면에서 신뢰할 수 있는 데이터 보안 및 관리가 반드시 전제되어야 한다. 일례로 2016년 3월 18일 《뉴욕비즈니스저널》에 따르면, 뉴욕시민 자유연맹(NYCLU)은 LinkNYC 키오스크를 통한 데이터 수집 활동에서 충분한 사생활 및 개인정보 보호가 이루어지고 있는가에 대한 의문을 제기하였다. 이 키오스크를 사용하기 위해서는 사용자의 이메일을 입력해야 하는데, 이때 사용자의 검색 정보와 기타 활동이 국가 수사기관의 감시나 해커들의 타깃이 될 수 있다는 것이었다. 아이폰에 보관된 개인정보를 보호하는 데 특별한 관심과 노력을 기울이는 애플이 소비자의 지갑을 여는 신뢰를 얻었듯이, 시민들의 거대한 활동 정보를 수집하고 공유하는 스마트시티는 개별 기업보다 더 엄격하고 철저한 보안 및 관리 체계를 확립하고 데이터 활용에 관해 시민들에게 투명하게 알려야 신뢰를 받을 수 있다.

스마트시티, 바이오 연구 및 사업화의 초연결 생태계

페이스북의 창업자 마크 주커버그는 의학자이자 스크립스 연구소 부설 중개의학연구소 책임자인 에릭 토폴 교수에게

'초연결 시대의 헬스케어 방향'에 대한 자문을 구했다. 에릭 토폴 교수는, 초연결 시대의 헬스케어는 연구를 위한 연구소와 치료를 위한 병원이 따로 존재하지 않고 연구와 개발과 생활의 적용이 동시에 이루어지는 형태가 예상되며, 축적된 대용량 데이터에 대한 효율적인 해석을 통해 진단·치료·예측·예방이 구현된다고 조언했다.

시민은 자신의 건강 정보를 은행에 예금하듯 공공데이터보관소에 보내고, 보관소는 의료 혜택을 줄 수 있는 사항들을 즉시 사용자에게 돌려준다. 예탁된 데이터는 연구기관에게 공유되고, 다시 시민에게 혜택을 줄 수 있는 형태로 선순환 된다. 더 많은 사람이 참여할수록 참여자, 의료진, 연구자 모두가 도움을 받을 수 있는 데이터 공공재료가 구축됨으로써 모두에게 더 큰 혜택으로 돌아올 수 있다. 따라서 시민의 자발적인 참여가 중요하다. 이것은 참여한 개개인이 과학 발전에 실질적으로 기여하게 되며 자신이 실질적인 혜택을 돌려받는 선순환 구조에 대한 이해와 공감을 필요로 하는 일이다.

고기능의 연구단지와 일류 기업, 선진 의료체계와 시민의 참여는 과거에 없었던 헬스케어 혁신을 초래하며 새로운 생태계를 형성하고 있다.

스위스는 주요 기업들을 적극적으로 유치해 글로벌 시장의 기술 혁신과 미래 성장을 위한 거점이 되고 있다. 근접한 거리에 첨단기술 산업단지가 밀집돼 있는 덕분에 스위스 기업들은 시장 주도 기업 및 혁신 동력들과 긴밀한 협력관계를 만들어 개방된 시장에서 새로운 기술 응용을 시험해볼 수 있고 제조 공정을 최적화할 수 있다. 특히 노바티스, 로슈 같은 세계적인 바이오제약기업을 보유한 덕분에 데이터와 의료 서비스가 만나는 새 시대를 현실화하였다. 의료 서비스는 개인 맞춤화, 디지털화 되고 있다. 2018년 Euro Health Consumer Index에 따르면, 46개 평가 항목에서 스위스는 유럽 국가 중 1위를 차지하였다. 2017년부터 2020년까지 1억8,400만 스위스프랑을 개인 맞춤형 의료 서비스에 투자하고 국내총생산의 12.3퍼센트 이상을 헬스케어 시스템에 투자한 결과였다. 이와 관련해 스위스에서 각별히 주목할 도시는 바젤이다. 인공지능, 로봇공학, 맞춤형 의료, 블록체인, 첨단기술 같은 미래 기술의 융합과 연결이 중점화되고 있으며, 이 모든 것을 융합한 헬스케어 생태계의 초연결 생태계가 바젤을 중심으로 이루어지고 있다.

바젤란트 주에 있는 '스위스 이노베이션 파크' 바젤은 스위스에서 가장 역동적인 생명과학 중심지이다. 노바티스, 로슈, 악텔리온, 폴리머, 멀츠, 로이반트, SKAN, 인돌시아 같은 세계 유수의 바이오기업들이 가깝게 위치한 바젤은 디지털 의료 및 맞춤형 의료 분야의 신생 기업, 기업가, 사내 창업가, 혁신 창업자에게 수준 높은 연구 및 성장 환경을 제공하고 있다.

데이터와 디지털 기술을 이용해 건강관리를 혁신하기 위한 바이오메(Biome)를 설립한 노바티스는 2019년 마이크로소프트와 개인 맞춤형 치료 혁신을 위한 인공지능연구소를 만들어 아마존 출신인 버트랜드 버드슨(Bertrand Bodson)을 최고 디지털 책임자(Chief Digital Officer)로 영입해 해당 과제들을 추진하고 있다.

또한 바젤에서는 시민들을 더욱 건강하게 하기 위한 정책이 병행되고 있다. 바젤 권역에 거주하는 약 20만 명의 주민들은 'Personal Health Basel(PHB)'이라는 개인 맞춤형 의료연구 프로젝트에 참여해 암, 감염병, 면역 관리에 관련된 건강을 관리 받을 수 있다. 그들의 건강 정보가 임상정보 데이터베이스에 축적되어 연구에 사용될 수 있는 선순환 체계가 구축된 것이다.

스위스의 초연결 바이오 생태계

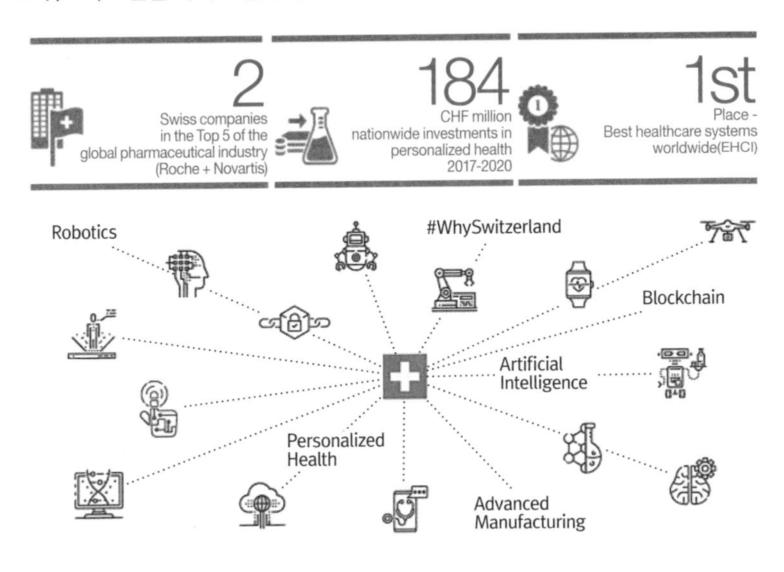

포항, 초연결 바이오 생태계의 시작

포항은 전 세계의 우수한 생명과학 연구자들이 모일 수 있는 구심점 역할을 충분히 해낼 수 있다. 3세대, 4세대 방사광 가속기와 극저온 전자현미경 같은 인프라, 포스텍과 한동대 생명과학 분야의 인재들, 경상북도와 포항시의 바이오 산업 육성을 위한 전략, 지역 대학에서 개발한 기술 기반의 활기찬

벤처창업과 바이오산업 생태계 조성, 바이오와 인공지능을 융합할 수 있는 최고 수준의 IT기술 보유 등은 포항이 세계적인 바이오 클러스터로 도약할 수 있는 발판이다.

또한 포항과 가까운 대구에 신약개발지원센터가 있다는 점도 주목해야 한다. 이 센터는 소규모 회사가 내재화하기 힘든 핵심 기술을 지원하고 있다. 신약후보 물질을 최적화하는 데 필수적인 분자 모델링, 생물리 구조분석, 약효평가, 독성평가, 약물동태분석 등을 제공한다. 따라서 포항과 대구에 소재한 신약 개발 기업은 물질 탐색, 선도 물질을 최적화하기 위한 파이프라인 구축 등 단계별 협력을 제공받기에 용이한 장점이 있다.

2018년 기준으로 포항시의 인구는 약 50만 명이며, 평균 연령은 41.1세이다. 100병상 이상의 병원이 9개 있고, 이들 병원의 총 병상 수는 2,774개이다. 인구 1,000명당 병상 수는 약 19.6개로, 경상북도 평균 16.6개, 전국 평균 13.6개, 서울 평균 8.9개보다 높은 수치로, 비교적 우수한 의료 인프라를 갖추고 있다. 또한 포항시 북구·남구 보건소를 중심으로 주민 보건사업을 펼치고 있다. 특히 100대 국정과제인 '치매 국가책임제' 실현을 목표로 치매 어르신과 부양가족을 위한 집중

상담 및 프로그램 운영, 약제비 지원 등 전문적인 시스템을 위한 치매안심센터를 운영하고 있으며, '포항시민 당뇨 고혈압 0 캠페인'도 시행하고 있다.

포항시민의 평균 연령은 점차 증가하고 있어 성인 질병의 예방 관리가 중요해지고 있다. 도시 전체를 헬스케어 시스템으로 연결해 시민의 편의와 건강을 보장하는 가운데 제약사, 헬스케어 사업자, 병원, 지방자치단체가 협력하는 생태계를 조성할 수 있는 여건을 충분히 갖추고 있다. 시민의 건강검진 정보를 보건소에 연동하면 인공지능이 질병의 위험도를 예측해 주고, 병원의 주치의와 보건소가 협력해 정밀 진단의 결과를 돌려줄 수 있는 것이다.

또한 시민들은 일상생활에서 스마트워치 등 디지털헬스 기기를 사용해 라이프 로그 정보를 보건소에 보낼 수 있다. 라이프 로그 정보는 다시 재해석돼 평소의 건강관리 및 질병 위험도 예측에 활용됨으로써 적절한 시기에 보건소나 병원에 방문할 수 있도록 도와준다. 시민들의 의무 기록은 도시의 주도로 한 곳에 모여 데이터 광산을 일궈내고, 바이오 기업들은 데이터와 고기능 실험장비 인프라를 통해 신약 및 맞춤형 진단법을 개발할 수 있다. 새로 개발된 기술은 다시 병원과 보건소를 통해 시민들에게 적용될 수 있고, 수익의 일부는 발전적인 건강관리를 위해 선순환 될 수 있다.

스마트 헬스케어시티와 시민 참여형 연구 구조

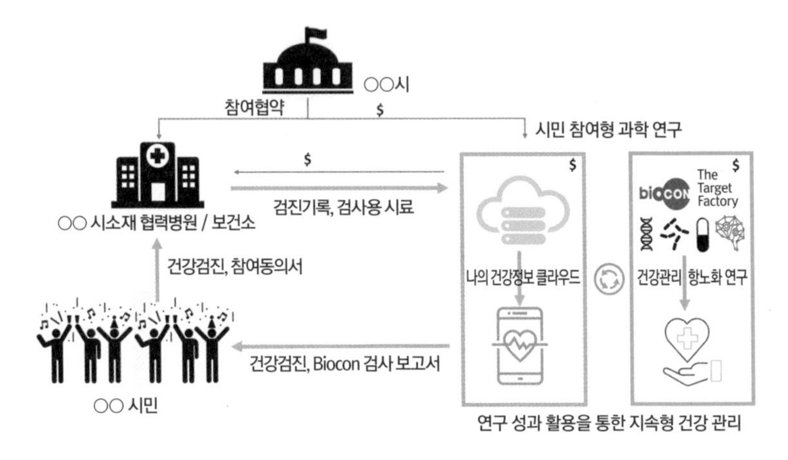

출처: 한동대학교 Bio Data Lab

이 글은 선도적으로 스마트 헬스케어시티에 도전하는 세계의 주목할 사례들을 조명해 보았다. '사이디오 시그마'가 포항에서 그러한 선례들을 뛰어넘는 스마트 헬스케어시티를 구상하고 있는 것은 반가운 소식이 아닐 수 없다. 포항에 구축된 각종 인프라, 한국 바이오의 기술력과 비전, 지방자치단체의 관심과 지원, 대학의 적극적인 참여, 성숙한 시민의식이 제대로 어우러져 세계인이 주목하는 스마트 헬스케어시티 모델이 실현될 수 있기를 기대한다.

Reference

1. Price, N., Magis, A., Earls, J. et al. A wellness study of 108 individuals using personal, dense, dynamic data clouds. Nat Biotechnol 35, 747756 (2017). https://doi.org/10.1038/nbt.3870

2. Callaway, Ewen; Cyranoski, David (2015). "Visionary leader of China's genomics powerhouse steps down : Nature News & Comment". Nature.com. doi:10.1038/nature.2015.18059. Retrieved July 27, 2015.

3. Cyranoski, David (28 July 2015). "Exclusive: Genomics pioneer Jun Wang on his new AI venture". Nature. doi:10.1038/nature.2015.18091. Retrieved 9 March 2016.

4. 23andMe Develops First Drug Compound Using Consumer Data, Jennifer Abbasi, JAMA. 2020;323(10):916. doi:10.1001/jama.2020.2238

5. The support of human genetic evidence for approved drug indications Matthew R Nelson, Hannah Tipney, Jeffery L Painter, Judong Shen, Paola Nicoletti, Yufeng Shen, Aris Floratos, Pak Chung Sham, Mulin Jun Li, Junwen Wang, Lon R Cardon, John C Whittaker & Philippe Sanseau, Nature Genetics volume 47, pages856860(2015)

제5장

그린 바이오

Green Bio

황인환·김도영

황인환 Inhwan Hwang
미국 University of North Carolina-Chapel Hill
현재, 포항공과대학교 생명과학과 교수
주요 논문: 「AKR2A-mediated biogenesis of chloroplast outer membrane proteins is essential for chloroplast development」, 「Cytosolic targeting factor AKR2A captures chloroplast outer membrane-localized client proteins at the ribosome during translation」 등

김도영 DoYoung Kim
포항공과대학교 생명과학 박사
현재, 포항테크노파크 첨단바이오융합센터장
주요 논문: 「Mass Spectrometric Analyses Reveal a Central Role for Ubiquitylation in Remodeling the Arabidopsis Proteome during Photomorphogenesis」, 「A National Project to Build a Business Support Facility for Plant-derived Vaccine」 등

그린 바이오

인류는 지식과 학문의 발전을 통해 생존을 위협하는 수많은 문제를 해결하는 과정에서 한편으로 그것을 활용해 새로운 산업을 태동시키기도 하였다. 20~21세기에 획기적이고 비약적으로 발전한 생명과학은 바이오텍(Biotechnology, BT)이라는 신산업을 일으켰다. 오늘날 BT는 식량, 건강, 환경 등 인류의 당면 문제에 해결책을 제시할 것이라는 기대를 모으고 있다. 특히 식물의 생명 현상에 대한 지식과 이해를 증진시킨 식물 생명과학이 그린 바이오텍(Green Biotechnology) 산업으로 진화하여 식량 확보와 지구 온난화 문제 해결의 중요한 실마리를 제공하고 있다. 실제로 20세기 초 농업에서 일어난 녹색혁명(Green Revolution)은 식량 증산에 결정적인 역할을 담당하였으며, 최근에는 그린 바이오텍에서 인간과 동물의 다양한 질병과 감염병을 해결할 가능성이 확인되고 있다.

그린 바이오의 개념

바이오산업은 DNA, 단백질, 세포 등 생명공학기술을 활용해 인류의 건강, 식량, 에너지 및 환경 관련 제품과 서비스를 창출하는 산업을 의미한다. 바이오산업은 광범위한 분야를 포함하고 있으며 응용 분야에 따라 레드·그린·화이트 바이오로 분류한다. 의료·제약 분야를 포함해 혈액의 붉은색으로 상징되는 레드 바이오, 농업·식량 분야를 포함하는 식물에 기반을 둔 그린 바이오, 환경·에너지 분야를 포함해 공장의 검은 연기를 하얀색으로 바꾼다는 의미의 화이트 바이오이다.

최근 들어 IT, NT를 비롯해 4차 산업혁명을 대표하는 인공지능, 빅데이터 등 최첨단 기술과의 융합을 통해 기술적·산업적으로 응용 범위가 크게 확대되고 있는데, 3대 바이오 분야 중 그린 바이오산업은 3개의 세부 분야로 나눌 수 있다. 식량의 생산과 활용을 위한 농업 목적의 그린 바이오, 한방과 같이 식물 유래의 다양한 이차대사산물(Secondary Metabolites) 생산 및 활용 목적의 그린 바이오, 그리고 외래 유전자의 도입을 통한 GM(Genetically Modified) 기반의 바이오 의약품 및 효소 등 단백질성 소재 생산과 활용 목적의 그린 바이오 등이다.

그림 1. 응용 분야에 따른 바이오산업의 분류

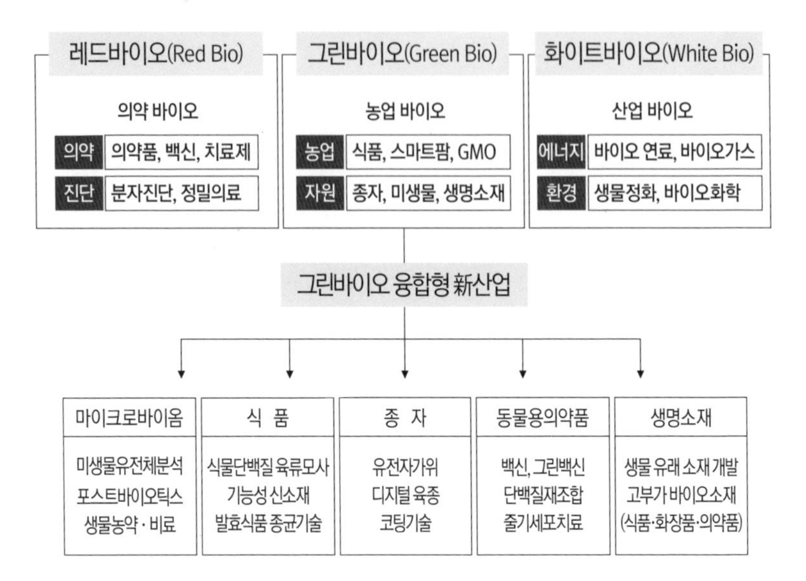

식량자원 기반의 그린 바이오

현재 식량을 생산할 수 있는 작물인 벼, 밀, 옥수수, 고구마 등은 인류가 자연에 존재하는 특정한 변이체를 선별해 추가로 개량했다고 볼 수 있다. 이중에서 가장 흥미로운 변이체는 옥수수와 고구마이다. 옥수수는 4,000~7,000년 전에 현재 멕시코 지역의 고대 마야인들이 현대의 작물 육종 방법과 유사한 방법을 적용해 만들었을 것으로 추정된다. 고구마는 식물생명과학에서 GMO(Genetically Modified Organism) 식물체 제조에 적용하는 기술이 자연적으로 야생 고구마에 적용돼 나타난 변이체로, 8,000년 전 페루 지역에 존재하던 잉카인들이 자연적인 GMO를 선별해 작물화한 것으로 추정된다.

현대에 들어서는 20세기 후반에 일어난 녹색혁명을 들 수 있다. 녹색혁명이란 세계적인 식량 증대를 이룬 농업기술의 발전을 의미한다. 1차 녹색혁명은 노먼 블로그(Norman Borlaug, 1919~2009)가 주도하였다. 1960~1970년 개발도상국을 중심으로 인구가 폭발적으로 증가하며 식량이 부족해지자 새로운 품종 개량과 화학비료 개발, 관개시설 확충, 살충제 및 제초제 활용 등으로 식량 생산량의 급격한 증대를 이룩하였다. 세계 식량 생산량은 1950년 1억4,000만 톤에서 1990년 17억 톤을 기록하였다.

식량의 양적 성장을 이룬 제1차 녹색혁명은 식물생명과학보다는 화학과 공학의 발전에 크게 힘입었다. 그러나 제2차 녹색혁명은 현대 생명과학의 발전이 주도하였다. 식물생명과학자들은 유전자 재조합 기술과 식물에 외래 유전자를 도입해 형질전환 식물체를 만들 수 있는 식물형질전환 기술을 적용해 종전의 육종기술로 개발하기 어려웠던 다양한 형질을 신속하게 식물에 도입할 수 있게 되었다.

세계 종자 시장의 1위를 차지하고 있는 미국 몬산토(Monsanto)는 1996년 병충해 및 제초제 저항성 옥수수, 콩, 목화, 캐놀라 등을 개발해 상업화에 성공하였다. 미국에서 대량 재배되고 있는 거의 모든 콩과 옥수수는 제초제인 라운드업(Roundup)에 저항성을 가지는 GM의 라운드업-레디(Roundup-ready) 작물이며, 식품용 가공품의 재료나 가축의 사료로 이용되고 있다.

1990년대 스위스와 독일의 공동 연구자들은 기아와 비타민 A 부족으로 고통 받는 동남아시아와 아프리카 사람들을 위해 벼에 유전자를 도입해 베타-카로틴(비타민A 생성 물질) 함량을 증가시킨 골든 라이스(Golden rice, 황금쌀)를 개발하였다. 골든 라이스는 미국·캐나다·뉴질랜드·호주에서 식품용으로 허가를 받았으며, 개발된 지 20년 만인 2019년 12월 필리핀에서 세계 최초로 상업적 재배 승인이 이루어졌다.

1세대 GM 작물은 주로 병충해 저항성이나 생산성 향상을 목적으로 개발되었으나, 골든 라이스 개발을 계기로 특정 영양분을 강화해 웰빙을 겨냥한 2세대 GM 작물이 활발히 개발되고 있다. 현재 전 세계에서 재배가 승인된 GM 작물은 옥수

수, 대두, 면화, 감자 등 27개 작물 357개 품목에 이르고, 전 세계 90퍼센트의 GM 작물이 미국·캐나다·브라질·아르헨티나·인도 등에서 재배되고 있다.

이러한 GM 작물은 초기 그린 바이오의 중심이 식물생명과학기술을 기반으로 하는 식량 자원의 확보와 개량에 있었다는 것을 보여주는 대표적 사례라고 할 수 있다.

그림 2. 식량자원 기반의 그린 바이오

제초제 저항성 라운드업-레디 콩	베타-카로틴 함량 증가 골든라이스

식물 유래 이차대사산물 기반의 그린 바이오

식물은 식량, 먹거리로 활용될 뿐만 아니라 의료용이나 산업적 목적의 소재 공급원이다. 식물에서 새로운 활성을 나타내는 기능성 물질을 발견하기 위한 다양한 노력이 적극적으로 진행되고 있다. 『동의보감』은 의료용 목적의 이차대사산물을 포함한 식물을 집대성한 것으로 조선시대의 그린 바이오텍이라 할 수 있다. 21세기 그린 바이오텍에서는 '합성 생물학' 개념을 도입해 식물로부터 특정 유용한 이차대사산물을 더 많이 생산하기 위한 여러 가지 생명과학기술이 개발되고 있다. 자연에 존재하는 다양한 변이종(種)을 활용하거나 인위적으로 돌연변이체를 만들어 이들을 교배해 우수한 품종을 선발하는 전통적 육종기술에다 현대 분자마커를 적용하거나 이차대사산물 생산 과정에 있는 유전자의 발현에 변화를 주어 이차대사산물의 생산량을 늘릴 수 있는 여러 가지 기술들이 개발되었다.

최근에는 식물 재배방법의 개선이나 식물체로부터 특정 세포를 확보하고 이를 대량 배양해 이차대사산물을 생산하는 기술도 개발되었다. 실제로 이러한 기술을 활용해 말라리아약으로 사용되는 야생 개똥쑥에서 알테미시닌(Artemisinin)이라는 물질을 4배 이상 생산할 수 있는 배양세포 종(種)을 개발하였으며, 난소암이나 유방암 등의 치료에 쓰이는 항암물질인 택솔(Taxol)의 생산량이 증가된 주목나무 세포 주(株)를 만드는 연구가 진행되고 있다.

그림 3. 이차대사산물 기반의 그린 바이오

말라리아 치료제 '알테미시닌'(개똥쑥)	항암물질 '택솔'(주목나무)
	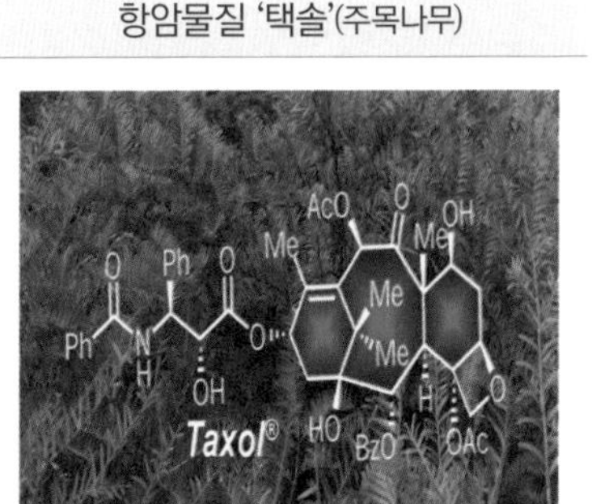

단백질 소재 기반의 그린 바이오

21세기에 들어오면서 식물 생명과학 및 생명공학의 발전은 식물을 활용하는 개념을 획기적으로 변화시켰다. 식물을 식량 자원이나 이차대사산물의 생산 시스템으로 활용하는 것에서 더 나아가 질병 치료 목적에 활용하거나 특별한 활성을 갖는 고부가가치 단백질 소재를 저비용으로 대량 생산하는 시스템으로 활용하고 있는 것이다. 특히 이 분야의 발전 가능성과 활용 범위는 무한하다고 할 수 있다.

단백질 소재 기반의 그린 바이오는 식물에 백신, 치료제 등 바이오 의약품이나 효소 같은 유용한 단백질을 만드는 유전자를 도입해 재조합 단백질을 발현시킨 다음, 추출과 정제 과정을 거쳐 다양한 고부가가치 제품을 생산하는 기술에 기반을 둔 분야이다. 이 분야는 식물에 외래 유전자를 도입하는 것이 필수적이기 때문에 GM 식물에 기반을 두고 있으며, 이러한 목적의 GM 식물을 '3세대 GM 식물'이라 할 수 있다. 따라서 1세대와 2세대 GM 작물이 식물 자체의 생산성 및 기능성을 높인 데 반해, 3세대 GM 식물은 식물을 생산 공장으로 활용해 고부가가치 소재를 생산하는 개념이다.

고부가가치 바이오 의약품용 단백질 소재를 생산하는 기술은 미생물이나 동물세포를 이용해오고 있다. 미생물을 활용한 바이오기술이 최초로 상용화 되었으며, 이어서 동물세포를 기반으로 하는 바이오기술이 현재 바이오 의약품 분야의 중심에 있다. 하지만 동물세포에 기반을 둔 바이오기술은 대규모 고비용의 공정 투자를 피할 수 없다. 또한 미생물의 경우와 마찬가지로 동물세포의 경우도 인체 감염의 우려가 있는 병원균이나 바이러스를 해결해야 한다.

그림 4. 단백질 소재 기반의 그린 바이오

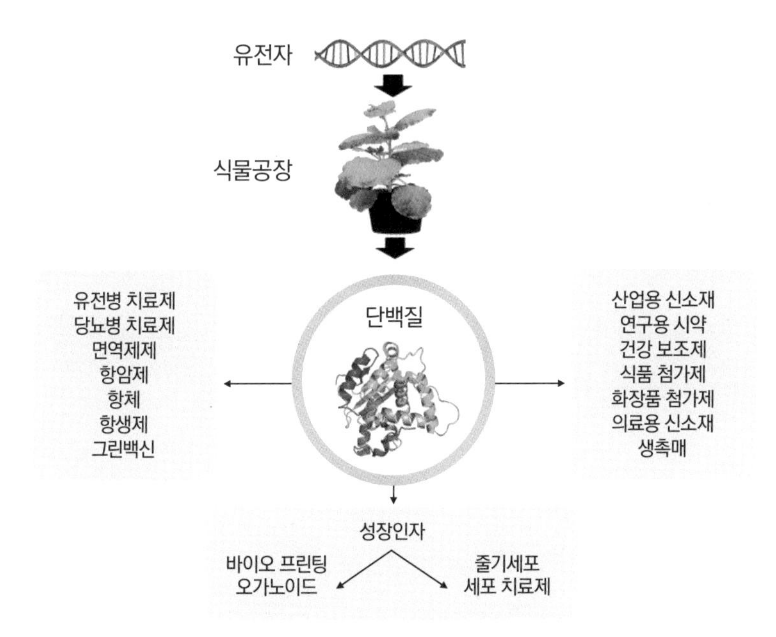

식물에 기반을 둔 분자농업은 그렇지 않다. 유지 비용이 저렴한 데다 10분의 1 수준의 투자비로 동일한 생산성을 얻을 수 있다. 이러한 장점 때문에 최근 들어 식물에 기반을 둔 의료용 단백질이나 백신 등 유용물질을 생산하는 기술이 전 세계적으로 큰 주목을 받고 있다. 또 다른 장점은 식물로부터 생산한 단백질 소재의 인체 안전성이다. 동물세포는 병원균이나 바이러스의 오염 문제를 지니고 있어서 'animal-free' 의약품에 대한 요구가 높아지고 있다. 미생물의 경우도 미생물 유래의 독성물질 오염에 대한 우려가 있다. 하지만 식물에서 생산한 단백질의 경우는 오염 문제에 대해 원천적으로 안전하다. 이러한 장점을 바탕으로 인슐린 등 다양한 의약품용 단백질을 식물에서 생산할 수 있는 기술이 개발되었다. 세계 최초로 상업화의 길을 확보한 것은 2012년 이스라엘 프로탈릭스(Protalix)라는 회사에서 개발한 고셔병 치료제였다.

그린 바이오의 대표적 분야

그린 바이오 기술의 발전에 따라 그린 바이오 소재의 적용 분야가 점차 확대되면서 다양한 산업 분야가 생겨나고 있다. 대표적인 분야는 감염성 질병에 대한 그린백신과 치료제, 진단용 소재 같은 단백질 의약품 그리고 식품·화장품 첨가제, 효소 같은 산업용 기능성 소재 등이다. 그중에서 그린백신, 단백질 의약품 및 기능성 화장품 소재 분야에 대해 구체적으로 살펴보기로 한다.

그린백신(Green vaccine)

2003년 사스(SARS), 2009년 신종인플루엔자(Influenza), 2014년 에볼라(Ebola), 2015년 메르스(MERS), 2019년 지카(Zika), 2020년 코로나19(COVID-19) 등 인체 감염병뿐만 아니라 구제역, 돼지열병, 조류독감, 아프리카돼지열병 같은 가축 전염병으로 인해 세계적으로 심각한 피해가 발생하고 있다. 코로나 바이러스인 사스와 메르스에 대한 백신은 아직 개발되지 않았으며, 2019년에 나온 에볼라 백신은 개발하기까지 42년이 걸릴 정도로 백신 개발에는 막대한 비용과 예산이 투입된다. 무엇보다도 안전하고 신속한 백신 개발이 요구되는 상황이다. 이러한 가운데 최근 식물에서 재조합 단백질을 생산하고, 이를 백신으로 개발하는 기술이 그린 바이오의 핵심 분야로 대두되며 주목을 받고 있다.

그린백신은 식물체나 식물세포에 바이러스 같은 병원체의 특정 유전자를 도입해 생산된 재조합 단백질을 기반으로 백신을 생산하는 기술이다. 그린백신은 2014년에 한국과학기술기획평가원(KISTEP)에서 미래 안전사회에 기여하는 10대 유망기술로 선정되었다. 특히 2014년 치사율 90퍼센트의 에볼라 바이러스에 감염된 미국인 환자 2명을 니코티아나 벤타미아나(Nicotiana Benthamiana)라는 담배에서 생산된 에볼라 치료제인 지맵(Zmapp)을 투여해 완치한 것은 그린백신 및 식물 기반 바이오 의약품 개발에 대한 세계적인 관심을 불러일으키는 계기가 되었다. 우리나라에서는 2019년 한국생명공학연구원(KRIBB)이 10대 바이오 미래 유망기술로 '식물공장형 그린백신'을 선정하였다. 그린백신이 그린 바이오 분야에서 가장 큰 이슈가 되고 있는 것이다.

그린백신은 재조합 단백질 생산공정에 기반을 두고 있으므로 그린백신 생산을 위해서는 식물세포에 백신용 재조합 단백질의 유전자를 도입한 후, 형질전환 식물 구축 과정을 통해 백신용 재조합 단백질을 고발현하는 엘리트 형질전환 식물을 선별적으로 확보해야 한다. 그리고 이 형질전환체를 밀폐형 식물공장에서 대량 배양해 식물 바이오매스를 확보하고, 이 식물조직 추출물로부터 백신으로 사용할 순수 단백질을 분리·정제 과정을 거쳐 생산하게 된다. 또한 형질전환 식물체의 구축을 통하지 않고 니코티아나 벤타미아나 같은 식물체의 잎에서 백신 생산용 재조합 유전자의 일시적 발현(transient expression)을 통해 백신용 재조합 단백질을 생산하는 방법을 활용할 수도 있다.

이들 두 가지 방법은 장단점이 확연하다. 형질전환 식물체의 개발은 시간이 많이 걸리지만 바이오매스의 확보에 편리함이 있으며, 일시적 발현을 이용하는 방법은 신속하고 단백질의 발현 수준이 대단히 높지만 유전자의 일시적 발현을 유도하는 과정이 다소 복잡하고 공정마다 아그로박테리아를 사용해야 한다. 때문에 재조합 단백질의 사용 목적이나 시급성 등에 따라 적절한 방법을 택하게 된다.

그림 5. 그린백신 생산공정

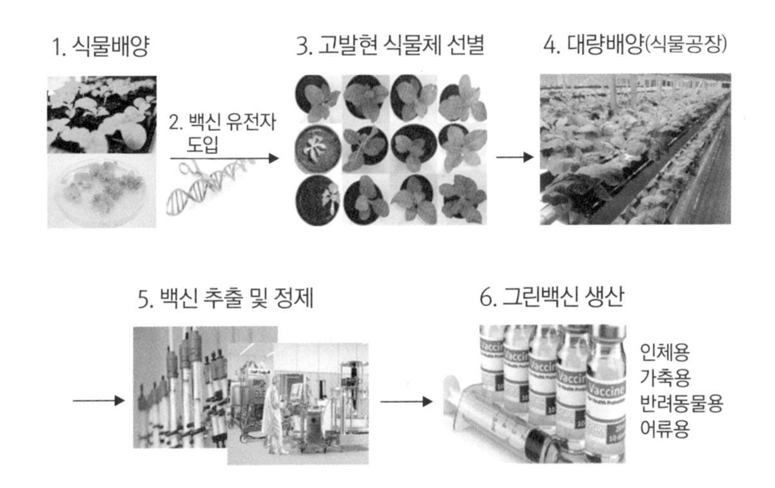

그린백신은 기존 백신에 비해 신속성, 안전성, 경제성이 뛰어난 것으로 학계에 보고되고 있다. 기존 백신은 대부분 유정란이나 미생물, 동물세포에서 생산되고 있으며, 바이러스를 직접 배양해 약독화(attenuated) 또는 불활화(inactivated/killed) 과정을 거쳐 백신으로 사용한다. 그린백신은 병원체의 특정 유전자만을 식물에 도입해 단백질을 추출·정제하여 백신으로 생산하기 때문에 바이러스 전파 위험성이 없다. 또한 식물은 배양이 쉽고 기반시설 구축과 관리에 드는 투자 비용이 기존 플랫폼에 비해 매우 저렴해서 경제성이 뛰어나다. 특히 그린백신은 4~6주 만에 백신 생산이 가능해 독감이나 코로나19처럼 급속하게 퍼지는 감염성 질병에 대해 신속하게 대응할 수 있는 장점이 있다.

그린백신 연구개발의 대표적 성과는 인두육종 바이러스, 인플루엔자 바이러스, 간염 바이러스 등 여러 가지 감염병 바이러스에 대한 백신용 재조합 단백질을 생산하여 실험적으로 백신의 가능성을 확인했다는 것이다. 이를 실증하기 위해 미국 국방성에서는 2010년부터 4,000만 달러를 투자하는 그린백스(GreenVax) 프로젝트를 수행하였다. 인플루엔자 바이러스 유전자를 담배에 형질전환해 단백질을 대량으로 생산하는 기술을 개발했으며, 이러한 과정을 통해 1개월 이내에 1억 도스의 인플루엔자 백신을 생산할 수 있다는 것을 확인하였다. 또한 미국 국립보건원 산하 국립알레르기 감염병 연구소(NIAID, National Institute of Allergy and Infectious Diseases)는 2002년부터 식물생명공학기술을 활용해 새로운 감염병과 생화학전(탄저균)에 대비한 백신과 치료제를 생산하는 연구와 메르스 치료제 개발 연구를 통해 면역접합체 DPP4-Fc를 제조하고 NIAID의 승인을 획득해 후보제제로 MERS-CoV 동물시험 연구를 진행하였다. 유럽에서는 파마-플란타(Pharma-Planta) 프로젝트를 통해 식물 시스템을 이용한 의료용 단백질 백신 생산 연구체계를 수립하고 유럽 12개국, 남아프리카 공화국의 33개 대학과 기업이 협업 연구를 진행하였으며, 최근 뉴코티아나(Newcotiana) 프로젝트를 통해 유전자가위 기술을 접목함으로써 의약품이나 화장품 소재 생산을 위한 담배 및 식물체 개발 연구를 진행하고 있다.

그린백신은 연구개발 단계를 넘어 상용화 단계로 진행되고 있다. 2006년 담배 배양세포에서 생산된 닭 뉴캣슬병 백신이 세계 최초로 그린백신 기술로 개발돼 미국 농무부 승인을 받아 출시되었으나 아쉽게도 고비용의 생산비로 인해 시장 진출에는 성공하지 못했다. 하지만 지난 10여 년 동안 그린백신 생산에 필요한 기초 및 응용 기술에서 엄청난 진전을 이루었다. 2019년 국내 바이오벤처기업인 바이오앱은 세계 최초로 니코티아나 벤타미아나 형질전환 식물체의 잎에서 생산한 돼지열병 마커백신(허바벡)에 대한 품목 허가를 취득했으며, 그린백신의 대규모 상용화를 추진하고 있다.

인체용 백신으로는 캐나다의 메디카고(Medicago)에서 인플루엔자 바이러스(독감)에 대한 인체 백신의 임상 3상을 진행하고 있다. 메디카고는 인플루엔자 백신을 니코티아나 벤타미아나에서 생산하기 위한 대규모 GMP 식물공장을 2023년 말까지 캐나다 퀘벡시티에 구축해 연간 최대 10억 회 접종분을 생산할 것으로 예상하고 있으며, 일본의 미쓰비시타나베 제약과 필립모리스인터네셔널이 참여하고 있다. 던힐, 럭키스트라이크 등 담배를 생산하는 미국 브리티시아메리칸타바코(BAT)의 자회사인 켄터키바이오프로세싱(KBP)과 아이바이오(iBio)에서도 니코티아나 벤타미아나 잎을 이용해 대규모 백신을 생산할 설비를 확립하고 있다.

앞으로 다양한 그린백신이 개발될 것이다. 식물에서 생산한 백신용 항원은 백신뿐만 아니라 바이러스를 검출하는 진단제 개발에도 활용될 수 있으므로 다양한 감염 병원체의 항원성 단백질 생산은 그린 바이오산업의 신성장 분야가 될 수 있다.

그림 6. 식물 기반 단백질 의약품 개발 사례

고셔병 치료제 '엘레라이소'	개 치주염 치료제 '인터베리 알파'
돼지열병 그린마커백신 '허바백'	독감 백신(임상 3상 진행)

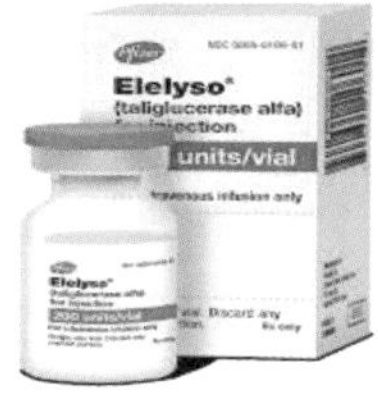

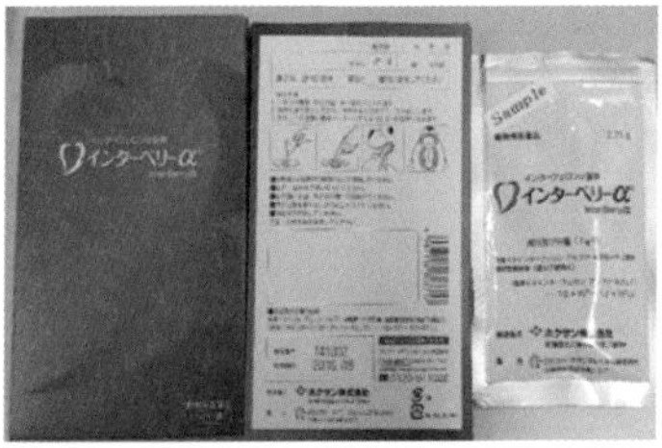

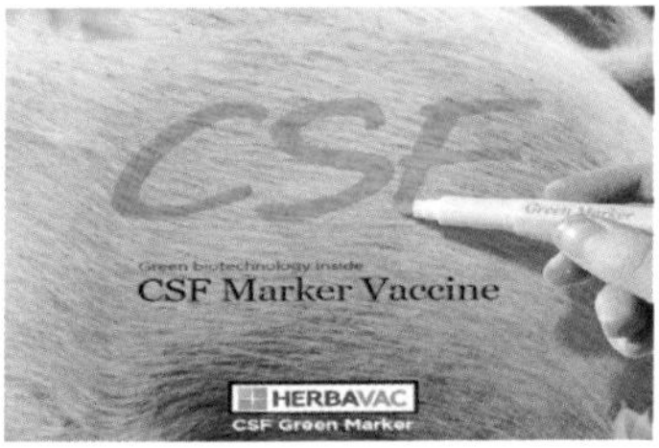

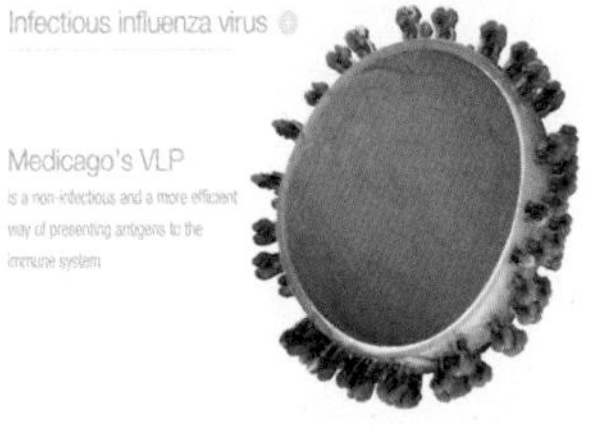

그린백신 기술로 코로나19 그린백신을 신속하게 개발하기 위한 연구가 진행되고 있다. 현재 DNA와 RNA 기반의 코로나19 백신이 선두 그룹을 형성하고 있지만, 재조합 단백질 기

반의 백신은 그린백신이 주목할 만한 진전을 보이고 있다. 그린백신 개발의 선두주자로 평가받는 캐나다의 바이오벤처 메디카고는 니코티아나 벤타미아나 잎에서 일시적 발현 기술을 이용해 코로나19의 바이러스 유사체(Virus-Like Particle, VLP)를 생산해 백신으로 개발하고 있으며, 글로벌 제약회사인 GSK와 공동으로 상용화하겠다고 발표했다. 미국의 켄터키바이오프로세싱(KBP)에서도 니코티아나 벤타미아나 잎을 이용해 코로나19 백신 후보물질을 생산함으로써 동물 시험을 진행하고 있으며, 곧 임상시험에 들어갈 계획이다.

미국의 아이바이오(iBio)와 중국의 씨씨파밍(CC-Pharming)도 식물 기반 코로나19 백신 공동 개발을 위해 2020년 2월 파트너십을 체결한 바 있다. 국내에서는 바이오앱이 2020년 4월 포스텍, 조선대, 큐라티스와 함께 코로나19 그린백신 생산을 위한 공동연구 협약을 체결했으며, 포스텍은 국립보건연구원과 공동으로 코로나19의 그린백신을 개발하고 있다. 최근 이들 두 연구팀도 식물 유래 코로나19 백신 후보물질의 접종 동물실험에서 높은 항체반응과 중화항체 형성을 확인하는 성과를 얻었다. 유전자가위 기술을 보유한 지플러스생명과학에서도 코로나19의 S단백질을 식물에서 생산하고 백신 후보물질에 대해 동물시험을 진행하고 있다.

단백질 의약품

식물에서 의료용 단백질을 생산하는 기술도 기본적으로는 그린백신의 생산에 필요한 재조합 단백질을 생산하는 기술에 기반을 두고 있다. 식물에서 의료용 단백질을 생산하기 위한 다양한 기술이 2000년대를 지나면서 개발되었다. 이를 위해 가장 중요한 것은 식물에서 단백질을 높은 수준으로 발현하여 만드는 것으로, 여기에서 장애는 식물의 단백질 당쇄 수식이 동물세포 생산 단백질의 당쇄 사슬과 약간 차이를 나타내므로 단백질 의약품 생산에 부적합하다는 점이었다. 하지만 실제로는 그 당쇄의 차이가 문제를 일으키지 않을 뿐만 아니라, 식물체에 인간 세포에서 만들어지는 단백질의 당쇄를 갖도록 하는 변형된 식물의 개발을 통해 이 문제를 원천적으로 제거하는 기술이 개발되었다.

또한 다양한 단백질의 발현을 통해 확인한 결과, 식물에서 만들어지는 단백질이 동물에서 만들어지는 단백질보다 더 유사한 형태를 가지며, 식물세포에서 대장균 같은 미생물보다 더 다양한 단백질이 수용체 형태로 만들어진다는 것이 확인되었다. 최근에는 식물을 이용한 단백질 생산 시스템이 동물세포에 감염하는 병원체로부터 안전하다는 장점이 크게 부각되고 있다. 유럽 EMEA(European Medicines Agency)에서는 동물세포 배양에 필요한 단백질인 트립신(trypsin)을 동물이 아닌 식물 등에서 생산한 것을 사용하도록 권장하였다. 이러한 기술적 진전에 힘입어 식물에서 인슐린이나 항암제로 활용이 가능한 항체, 줄기세포의 배양에 필요한 성장인자 및 사이토카인 같은 바이오 의약품 생산에 필요한 다양한 종류의 단백질이 생산되었으며, 식물에서 생산한 단백질이 동물세포나 미생물에서 생산한 것과 동등한 수준의 활성이 확인되었다.

2012년 이스라엘의 프로탈릭스에서 당근 뿌리 유래의 배양세포에서 만든 고셔병 치료제인 엘레라이소(ElelysoTM)가 미국 FDA의 승인을 받았으며, 다국적 제약기업인 화이자를 통해 전 세계에 판매되면서 상용화 프로세스가 확립되었다. 일본 산업기술총합연구소(AIST)에서는 2013년 개 치주염 치료제로 사용되는 인터페론 알파를 딸기에서 만들고 딸기를 분말로 동결건조하는 방식으로 제품화하였으며, 이스라엘의 콜플랜트(CollPlant)는 인체 유래 콜라겐을 식물에서 생산해 상처 치료제로 개발하여 상용화하였다. 아직까지는 식물에서 생산한 단백질 의약품이 많이 상용화되지는 않았지만 다양한 종류의 단백질이 임상 과정에 들어가 있다. 프로탈릭스는 2020년 니코티아나 벤타미아나에서 생산한 희귀 유전질환인 파브리병 치료제 후보 물질에 대한 생물의약품 허가 신청서를 FDA에 제출하였고, 중국의 헬스진바이오텍(Healthgen Biotechnology)은 벼에서 알부민을 대량으로 생산하는 기술을 개발해 인체 적용을 위한 임상을 진행하는 중이다. 또한 일본 도쿄대 연구진은 일본 삼나무의 꽃가루 알레르기 원인으로 알려진 단백질을 벼에서 생산해 항알레르기용 경구 투여 의약품으로 임상을 진행하고 있다.

국내에서도 포스텍 등에서 무혈청 줄기세포 배양액 개발을 위해 식물에서 줄기세포 배양에 필요한 성장인자 및 사이토카인을 생산하는 연구가 진행되었으며, 이렇게 생산된 성장인자 및 사이토카인은 미생물이나 동물에서 생산한 것과 동등한 활성을 갖는 것으로 보고되었다. 바이오 벤처기업인 지플러스생명과학은 치료용 항체를 식물에서 생산하기 위한 시도를 하고 있고, 엔비엠도 벼 배양세포를 활용해 알부민(Albumin), 상피세포성장인자(EGF, Epidermal Growth Factor), 트립신(Trypsin), 엔테로카이네이즈(Enterokinase) 등을 생산하는 연구를 진행하고 있다.

식물에서 의료용 단백질을 생산하는 것은 동물세포를 활용하는 방식에 비해 경제성 면에서 확실한 우위를 차지하고 있다. 앞으로 기술의 개발과 발전에 따라 이 분야의 활용 가능성은 더 확대될 것이다. 특히 대규모 설비 투자가 어려운 바이오 벤처는 이러한 기술을 통해 다양한 의료용 단백질을 생산할 수 있다.

기능성 화장품 소재

기능성 화장품은 식물에서 생산하는 단백질 소재의 주요 적용 분야이다. 대표적인 상용화 제품으로는 EGF를 포함하는 주름 개선 화장품이다. EGF는 얼굴 주름 개선 화장품의 주요 성분으로 기존에는 대장균 등 세균에서 생산해 화장품에 사용해왔다. 2012년 아이슬란드의 생명공학연구소 ORF Genetics는 세균에서 배양한 EGF를 사용했을 때 주름 개선 효과도 떨어지고 균 독성의 잔류로 인한 피부 트러블 위험이 있다는 것을 밝히고, 세계 최초로 식물[보리]에서 생산된 EGF를 이용해 '바이오이펙트(Bioeffect)'라는 화장품 브랜드를 만들어냈다. 현재 식물에서 생산된 EGF는 뛰어난 안전성과 유효성 때문에 세계적으로 각광받는 가운데 안티 에이징(Anti-aging) 시장을 선도하고 있다. ORF Genetics는 EGF를 활용한 기능성 화장품 분야에서 세계 5대 기업으로 성장하였다.

또 다른 흥미로운 식물 생산 화장품용 단백질은 콜라겐이다. 콜라겐 역시 피부 노화 방지에 중요한 단백질로 알려져 있다. 이스라엘의 콜플랜트는 담배에서 인간 유래 콜라겐(rhCollagen)을 생산하는 기술을 개발해 의약용이나 화장품 소재뿐만 아니라 3D 바이오프린팅을 위한 바이오잉크 소재로도 활용하고 있다.

그림 7. 식물 기반 화장품 소재 개발 사례

이처럼 기능성 화장품에 첨가되는 단백질성 첨가제를 식물에서 안전하고 경제적으로 생산할 수 있다. 더구나 바이오이펙트의 사례처럼 식물의 인체 친화적인 속성은 소비자의 선호

도와 잘 맞기 때문에 식물에서 생산한 단백질을 활용한 기능성 화장품 개발은 더욱 활발해질 전망이다.

그린 바이오 기술 및 기업 현황

세계적으로 식물 기반 바이오 의약품 및 기능성 소재 시장은 블루오션이다. 아직은 초기의 성장 단계에 있으며, 대학과 벤처기업을 중심으로 기술 및 제품 개발이 활발히 이루어지고 있다. 식물을 생산공장으로 활용해 유용한 단백질 소재를 생산하는 그린 바이오산업의 핵심기술은 여러 단계로 구분할 수 있다.

먼저 어떤 식물을 형질전환해 사용하느냐가 중요한데, 식물 세포 배양 방법과 식물체 활용 방법이 사용되고 있다. 식물세포의 경우에는 주로 당근 세포나 벼 세포를 이용하고, 식물체의 경우에는 담배, 상추, 알팔파, 보리, 벼, 옥수수, 토마토, 딸기 등 여러 가지 작물이 이용되고 있는데 특히 니코티아나 벤타미아나가 연구용과 상업용으로 가장 많이 사용되고 있다. 이것은 흡연용으로 재배되는 담배[Nicotiana tabacum]와는 다른 종으로 오래 전부터 과학 연구에 많이 쓰여 '식물계의 실험용 생쥐'라 불린다. 니코티아나 벤타미아나는 형질전환 기술이 잘 확립돼 있으며, 성장 속도가 빨라 한 달이면 수확이 가능할 정도로 자라고, 잎이 다른 식물보다 훨씬 넓어 단백질을 많이 얻을 수 있으며, 사람에게 병을 옮기는 바이러스가 감염되지 않기 때문에 니코티아나 벤타미아나 잎을 이용한 단백질 의약품 개발이 활발하게 진행되고 있다.

식물 생산 단백질에 기반을 둔 산업화의 핵심 원천기술은 식물에서 재조합 단백질을 대량으로 발현시키는 기술과 재조합 단백질을 고효율로 순수하게 분리하고 정제하는 기술이다. 단백질을 발현하는 유전자가 식물 내에서 고발현이 될 수 있도록 코돈(codon) 최적화, 프로모터(promoter)나 번역 인핸서(enhancer) 등 식물 발현 시스템을 개선하고 식물의 엽록체 같은 특정 소기관에 타깃팅해 식물세포 내에서 단백질 발현량을 높이는 기술이 개발되고 있다. 또한 형질전환 식물로부터 재조합 단백질을 순수하게 분리하고 정제하기 위해 친화크로마토그래피(Affinity chromatography) 기술과 정제 공정 최적화 기술도 함께 개발되고 있다. 최근에는 식물의 생장 환경 조절을 통해 대량 생산하거나 새로운 방식의 형질전환 기술, 식물체 내 대량 발현을 위해 유전자가위 등을 이용한 신육종 기술을 접목하는 연구개발이 활발히 진행되고 있다.

그린 바이오 분야의 국내 기업이나 대학, 연구소는 선진국에 비해 수가 적고 산업화는 늦지만 기술력은 세계 최고 수준으로 평가받는다. 2018년 5월 한국식물생명공학회는 'From Farming to Pharming'을 주제로 학술대회를 개최했다. 이 대회에 참가한 분자농업 분야 전문가 56명을 대상으로 설문 조사한 결과, 국내 분자농업 기술 수준은 선진국에 비해 차이가 없거나 1~4년 정도 늦다는 의견이 70.6퍼센트로 조사되었다. 그리고 향후 그린 바이오 산업화를 위해 필요한 분야는 무엇인가에 대한 응답에서는 연구개발 지원, 산업화 기반시설 구축 지원, 제도보완 및 개선 순으로 나타났다.

그린 바이오 분야의 제품 종류나 시장 규모는 크지 않지만 국내 중소벤처기업을 중심으로 글로벌 시장 선점을 위한 기술과 제품 개발이 진행되고 있다. 대표적인 기업은 포스텍 원천기술을 기반으로 삼아 2011년 창업한 바이오앱이다. 바이오앱은 다양한 종류의 가축용·인체용 백신과 진단 소재 등을 개발하고 있다. 2007년 설립돼 국내에서 최초로 식물 기반 유용 단백질 산업화에 성공한 엔비엠은 식물세포[벼 세포배양]

를 이용한 항체, 줄기세포 배양인자, 희귀병 치료제 개발 등을 비롯해 최근에는 식물세포 유래 배양인자를 활용한 줄기세포 관련 연구개발을 진행하면서 단백질 의약품 전문기업으로 성장할 기반을 다져가고 있다. 포스텍의 원천기술을 기반으로 2017년 설립된 바이오컴은 식물에서 대량 생산한 바이오 촉매[탄산무수화 효소]를 활용해 지구 온난화의 주범인 이산화탄소를 저감하거나 산업용 소재로 전환하는 기술을 개발하고 있으며, 2016년 설립된 지플러스생명과학은 크리스퍼 유전자가위 원천기술을 보유한 기업으로 신약, 식물 기반 바이오 의약품, 비타민과 영양분이 강화된 신품종 작물 등을 개발하고 있다. 최근 코로나19 백신 후보물질을 자체 개발한 식물체에서 생산하였으며, 백신 개발을 위한 비임상 실험을 진행할 예정이다. 툴젠은 유전자가위 및 유전자교정 기술을 보유한 기업으로 단백질을 생산하는 호스트 식물을 개발하기 위해 바이오앱과 공동 연구를 진행하고 있다.

해외에서는 미국을 중심으로 기술 개발 및 상용화가 활발하게 추진되고 있다. 미국 켄터키바이오프로세싱(KBP)은 2014년 에볼라 치료제인 지맵(Zmapp)을 개발한 회사로 잘 알려져 있으며, 대규모 니코티아나 벤타미아나 재배시설과 식물 형질전환 자동화 시스템을 갖추고 있다. 아이바이오(iBio)는 대규모 니코티아나 벤타미아나 재배시설과 GMP 설비를 활용해 폐섬유종 치료제와 코로나19 백신을 개발하는 중이다. 프라운호퍼 USA(Fraumhofer USA)도 그린 바이오 소재 개발과 상용화를 위한 연구를 진행하면서 H1N1의 백신을 개발하고 있다. 캐나다에 기반을 둔 메디카고에서는 바이러스 유사체(VLP, Virus-Like Particle) 플랫폼을 기반으로 독감, 로타바이러스, 코로나19 백신의 개발을 추진하고 있으며, 특히 독감 백신은 임상 3상을 진행하고 있다.

유럽에서도 바이오 벤처들이 활발하게 움직이고 있다. 아이슬란드의 오알에프 제네틱스(ORF genetics)는 다양한 단백질을 보리에서 생산하는 기술을 개발해 상용화하였으며, 이미 설명한 것처럼 보리에서 생산한 EGF를 기반으로 바이오이펙트(Bioeffect)라는 화장품을 성공적으로 상용화하였다. 독일의 아이콘제네틱스(Icon Genetics)는 식물에서 단백질을 생산할 때 가장 필수적인 고발현 벡타를 개발하였다. 이스라엘의 바이오 벤처인 프로탈릭스(Protalix)는 식물 기반 바이오 의약품 기업 중에서 가장 주목받는 기업이다. 당근 뿌리 유래의 배양세포에서 고셔병 치료제인 글루코세레브로시데이즈(Glucocerebrosidase)라는 단백질을 생산해 엘레라이소(ElelysoTM)라는 제품명으로 세계 최초로 상용화한 이 기업은 파브리병 치료제를 개발해 2020년 FDA에 허가를 신청하였다.

그림 8. 세계 식물 기반 단백질 의약품 개발 현황

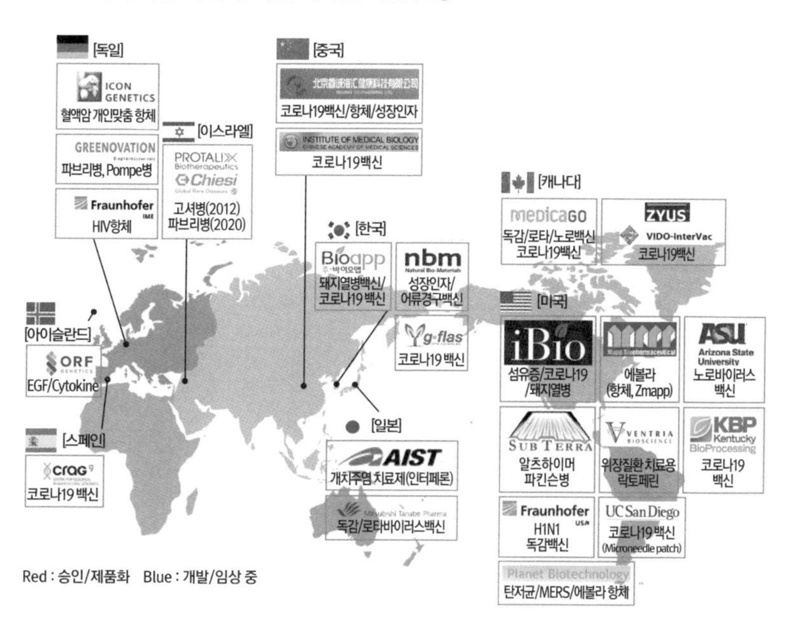

아시아에서는 중국의 헬스젠바이오텍(Healthgen Biotechnology)이 벼에서 인간 알부민을 대량생산하는 기술을 개발해 임

상을 진행하고 있으며, 일본 미쓰비시타나베제약회사(Mitsubishi Tanabe Pharma)는 메디카고와 함께 독감 및 로타바이러스의 백신을 개발하고 있다. 일본의 산업기술총합연구소(AIST)는 인터페론 알파를 생산하는 딸기를 개발해 개 치주염 치료제로 상용화하였다.

지방자치단체의 그린 바이오산업 육성 노력

경상북도와 포항시는 그린백신과 그린 바이오산업을 전략산업으로 육성하기 위해 많은 노력을 기울여 왔다. 2013년 그린 바이오산업 학술용역, 2016년 미래유망과학기술 발굴사업을 통한 그린 바이오 육성전략 수립 연구용역, 2017년 전 세계 10개국 그린 바이오 전문가 250여 명이 참석한 '식물 기반 단백질 의약품 개발 국제컨퍼런스', 2019년 그린 바이오산업 육성 포럼 등을 진행하였다. 2020년에는 '그린 바이오메디컬 산업 혁신 생태계 조성'을 위한 연구용역을 통해 식물을 활용한 동물용·인체용 의약품 기술 개발과 밀폐형 스마트 식물공장 기술 개발을 위한 기본계획, 추진전략 수립 및 타당성 조사 등을 진행하고 있다.

또한 그린 바이오 기업 유치와 지원 확대를 위해 2018년 2월 산학연관 7개 기관이 '그린백신·그린 바이오산업 육성을 위한 업무협약'을 체결하였고, 2019년부터 5년간 그린 바이오 기업의 기술 고도화와 기술 사업화 지원을 위한 '식물 기반 바이오 의약기업 지원사업'을 시행하고 있다. 특히 2018년에는 농림축산식품부의 식물백신 기업지원시설 건립사업에 선정돼 국내 최초로 그린백신 개발 중소벤처기업 지원을 위한 GMP(Good Manufacturing Practice) 생산시설을 구축하고 있다.

그리고 포항융합기술산업지구(포항경제자유구역)가 2019년 6월 과학기술정보통신부로부터 강소연구개발특구로 지정돼 유망 바이오기업 유치에 큰 힘이 되고 있다. 이 산업지구에 건립하고 있는 식물백신 기업지원시설은 중소벤처기업 지원을 위한 시설로, 그린백신 개발 연구에서부터 효능 평가, 제품 생산 등 산업화 전주기에 필요한 시설을 구축할 예정이다. 식물체 및 식물세포를 배양할 수 있는 밀폐형 식물공장과 단백질 정제시설, 식물백신 생산시설을 비롯해 기업 입주 사무실과 공동연구실, 동물효능평가시설 등을 겸비해 그린 바이오 중소벤처기업의 그린백신 기술개발 연구와 제품생산을 지원하게 된다.

앞서 언급했듯이 그린백신은 유전자 재조합 식물체 및 식물 세포를 배양하기 때문에 담배 같은 식물체 재배를 위한 양액 재배 시스템과 벼 세포나 당근 세포 등 식물세포 배양을 위한 배양 시스템을 갖출 수 있는 음압설비 및 헤파필터 등을 갖춘 밀폐형 시설을 구축해야 한다. 또한 식물체와 식물세포로부터 그린백신 단백질을 추출·정제할 수 있는 정제시설과 주사제 제형의 백신을 포장하고 제품화할 수 있는 생산시설을 비롯해 그린백신의 효능을 평가하기 위한 동물효능평가시설도 함께 구축해야 한다. 이것이 기업의 활용도를 높일 수 있는 인프라이다.

그림 9. 식물백신 기업지원시설 조감도

하지만 식물백신 기업지원시설은 KvGMP(Korean Veterinary GMP, 동물용의약품 우수제조 및 품질관리기준) 시설로 구축될 예정으로, 파일럿 규모의 밀폐형 식물공장과 주사제 제형의 동물용 백신을 생산할 수 있는 설비만을 갖추고 있기 때문에 향후 대규모의 가축 전염병에 신속하게 대응하기 위해서는 식물공장의 규모 확대나 제형별 생산라인을 구축해야 한다. 이와 더불어 식물 기반의 인체용 의약품 생산과 수출을 위한 EU GMP[유럽의약품청에서 정한 백신이나 생물학적 제제에 대한 가이드라인]나 WHO GMP[WHO 주관 입찰을 통해 수출하는 백신 및 생물학적 제제 제조관리 기준]를 충족하는 백신 생산시설이 함께 구축된다면 국내 그린 바이오 중소벤처기업의 제품 다양화와 함께 동물용 의약품과 인체용 의약품 글로벌 시장을 선점할 수 있는 세계적 수준의 그린 바이오 산업 생태계가 조성될 것이다.

그린 바이오와 포항

한미사이언스는 2020년 6월 16일 바이오앱과 '그린백신 개발 및 사업화를 위한 상호협약'을 체결했다. 이를 통해 식물 기반 재조합 단백질 생산 플랫폼 기술을 활용한 다양한 신약 개발 협력과 혁신적 바이오 생산 공법을 도입하는 첫 걸음을 내디뎠다. 최근 양 기업은 식물에서 생산한 코로나19 백신 후보 항원 단백질의 마우스와 기니피그 동물 실험에서 높은 항체 형성을 확인했다고 밝혔다. 앞으로 양 기업의 협력 확대를 통해 그린 바이오 세계시장의 선점뿐만 아니라 대기업과 기술 벤처기업의 상생협력 성공사례 창출이 가능할 것으로 기대를 모으고 있다.

대부분의 바이오 의약품은 동물세포나 대장균을 기반으로 한 단백질 생산 시스템을 활용하고 있으며, 세계적으로 엄청난 연구개발 투자를 통해 다양한 의약품과 백신이 개발되고 있다. 반면에 식물을 의약품 생산 시스템으로 활용하는 연구개발 투자는 미미해 동물 시스템에 비해 기술개발이 늦게 진행되었다. 하지만 이제는 식물생명공학기술의 발전으로 제품 상용화가 가능한 단계에 도달했다. 이러한 시점에 '사이디오 시그마'가 그린 바이오를 유망 사업 분야로 선정한 것은 그린 바이오 분야에서 획기적인 기회라고 할 수 있다. 특히 한국 바이오 선두 기업들의 신약 개발 경험은 그린 바이오 분야에서 의약품을 개발할 때 중요한 자양분이 될 것이다. 미국이나 유럽 등 선진국의 대규모 다국적 기업에 비해 국내 제약기업의 신약 개발은 경험이나 규모 면에서 뒤처지는 게 현실이다. 따라서 후발 주자로서 신약 개발을 추진할 때 선발 주자와는 다른 새로운 길을 가는 전략이 필요하며, 그린 바이오 산업을 통한 신약 개발은 한국 바이오의 밝은 미래를 열어 나가는 성장 동력이 될 수 있을 것이다. 국제적으로 그린 바이오 산업은 이제 막 상용화 가능성이 입증된 산업의 태동기라 할 수 있지만 그 가능성은 무한하다. 실제로 메디카고의 코로나19 백신 개발에 글로벌 제약사 GSK가 참여한 것은 이러한 가능성을 뒷받침한다.

국내 그린 바이오기업은 우수한 기술력을 바탕으로 제품을 개발하고 있지만, 글로벌 시장 진출을 위한 마케팅이나 판로 개척 노하우가 부족하고, 초기에 고비용이 투입되는 생산 기반시설을 자체적으로 보유하기는 어렵다. 이러한 상황에서 바이오 선두 기업들의 경험과 역량이 결합된다면, 포항에 그린 바이오 중소벤처기업이 집적화되고 혁신적인 제품 개발이 이루어져 대한민국이 그린 바이오 산업의 글로벌 리더로 성장할 수 있을 것이다.

그린 바이오산업 발전 방향 및 제안

2020년 1월 15일 정부에서 개최한 제1차 혁신성장전략회의에서 바이오산업 혁신 정책방향과 핵심과제를 비롯해 바이오헬스 핵심규제 개선 방안 등을 마련했다. 바이오 분야 혁신을 통한 선진 바이오경제를 구현하기 위해 연구개발 혁신, 바이오 전문인력 양성, 규제 및 제도 선진화, 생태계 조성 및 해외 진출 지원, 바이오 기반 기술융합 사업화 지원 등 5대 추진 전략이 발표되었다. 특히 10대 핵심과제에 '그린 바이오 융합형 신산업 육성·활성화'가 선정돼 범부처 사업으로 추진될 예정이다. 또한 코로나19 사태를 계기로 감염병 대응 전주기 시스템 구축과 포스트 코로나 신산업 육성을 위한 '감염병 대응 산업 3+1 추진 전략'이 발표되었다. 감염병 대응산업은 방역·예방 분야, 진단·검사 분야 그리고 치료 분야로 구분되었으며, 치료제·백신 연구개발 지원과 신속 심사, 생물안전시설 활용 지원, 치료제·백신 생산지원 등이 주요 내용이다.

2020년 9월 제3차 혁신성장전략회의에서는 그린 바이오 융합형 신산업 육성 방안을 논의하고, 그린 바이오산업을 선도할 5대 핵심분야로 마이크로바이옴, 식품, 종자, 동물용 의약품 및 생명소재 등을 선정하였다. 5대 핵심분야 중점 육성을 위해 그린 바이오 빅데이터 구축, 그린 바이오 관련 기반 구축, 그린 바이오 기업 전주기 지원 및 그린 바이오 융합 산업 생태계 구축 등에 대한 육성방안이 함께 마련된 것이다.

그린 바이오 시장은 글로벌 수준에서도 우수 제품을 개발하고 시장을 선점하는 것이 매우 중요하다. 이를 위해서는 우수 기술력을 보유한 그린 바이오 중소벤처기업을 지원하고, 그린 바이오산업 생태계 조성을 위한 중장기 전략 수립이 필요하다.

사진 1. 바이오앱 식물공장

그림 10. 그린 바이오산업 전주기 육성 전략

핵심기술

Plant Platform

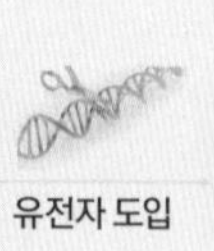

유전자 도입

Scale-up

Purification

Products

그린바이오 기술
산업화·활성화

의약품·단백질소재 개발
중소기업 육성 및 집적화

그린바이오
융합산업 동반성장

그린바이오산업육성

Ⅰ 기업지원 및 인력양성

- 전주기형 기업지원시스템 구축
- 그린바이오 산학연 DB 구축
- 산학연 연계 인력양성 및 일자리 창출

Ⅱ 그린바이오 기술고도화

- 상용화 원천기술 확보 및 기술이전
- 상용화 제품 개발(의약품, 단백질 소재)
- 그린바이오 소재 은행 구축

Ⅲ 그린 닥터 시스템

- 은퇴인력 활용 기술 / 경영자문 프로그램
- 국내외 투자 / 재무관리 자문 프로그램
- 법률 자문 프로그램

Ⅳ 산업화 기반 조성

- 실증테스트베드, 벤처 임대용 시설 구축
- 기술융합시스템 도입(에너지, AI 등)
- 기존 산업인프라 연계 활용

먼저 다양한 질병에 대한 선행연구를 통해 식물 생산 플랫폼에 적합한 동물용·인체용 의약품 및 유용 소재 개발연구, 식물세포에서의 단백질 고발현 기술 개발과 식물 플랫폼 최적화 기술 개발, 재조합 단백질의 정제 기술 개발 등 그린 바이오 기술 고도화 지원이 활발하게 이루어져야 한다. 또한 국내 그린 바이오 중소벤처기업 전주기형 지원을 위한 통합 시스템이나 산학연관 데이터베이스 구축으로 기술 교류 및 창업 활성화가 필요하며, 다양한 제품 개발과 생산을 위한 실증용 테스트베드나 임대용 연구시설 등 기반시설 확충, 밀폐형 식물공장의 에너지 자립화와 자동화, 스마트화 등을 위한 융합기술 개발도 함께 추진되어야 할 것이다.

또한 그린 바이오산업 생태계 조성을 위한 전략 수립, 대기업과 중소벤처기업 간의 상생협력 강화, 국가 차원의 제도 개선과 중장기적 육성 노력이 필요하다는 점을 강조한다. 2019년 12월 식품의약품안전처에서 '식물 유래 유전자재조합 생물의약품 평가 가이드라인(민원인 안내서)'을 배포하였으나 앞으로 보다 실질적인 제도 마련과 규제 완화를 비롯해 부처 간 협력을 확대해야 한다. 그린 바이오라는 신성장 산업을 육성·지원할 수 있는 범부처 협력기구를 마련한다면 국내 그린 바이오 관련 기업과 기관이 하나의 소통채널을 통해 보다 쉽고 빠르고 효율적으로 그린 바이오 제품을 개발해 세계 시장에 진출할 수 있을 것이며, 이를 기반으로 우리나라는 바이오경제 시대를 주도하는 선진 국가가 될 수 있을 것이다.

제6장

마린 바이오

Marin Bio

도형기·차형준

도형기 Do Hyung Ki
일본 도쿄대학교 해양미생물학 박사
현재, 한동대학교 생명과학부 교수
주요 논문: 「Production of gamma amino butyric acid by lactic acid bacteria in skim milk」, 「Accumulation of tetrodotoxin in marine sediment」, 「Tetrodotoxin production of actinomycetes isolated from marine sediment」 등

차형준 Hyung Joon Cha
서울대학교 화학공학 박사
현재, 포항공과대학교 화학공학과 석좌교수
주요 논문: 「Rapidlylight-activated surgical protein glue inspired by mussel adhesion」, 「Sprayableadhesive nanotherapeutics: mussel-protein-based nanoparticles for highly efficient locoregional cancer therapy」, 「Controlof nacre biomineralization by Pif80 in pearl oyster」 등

마린 바이오

바다는 지구 표면적의 70퍼센트와 지구 부피의 90퍼센트 이상을 차지한다. 생명은 바다에서 최초로 탄생했다는 것이 정설로 받아들여지고 있다. 바다에는 전체 지구 생물종의 80퍼센트에 해당하는 생물들이 있다. 하지만 바다는 아직도 거의 미개척 상태에 있다. 바다에는 우리가 모르는 미지의 생물이 매우 많으며 지속적으로 새로운 종류들이 밝혀지고 있다. 바다는 탐사하기도 매우 힘들다. 태양계를 조사할 수 있는 능력을 가진 인류는 아직까지 심해를 제대로 조사하지 못하고 있다.

바다는 온도, 압력, 염도, 빛, 기체, 영양분 등에서 육상에 비해 극한의 환경 조건을 가지고 있다. 이러한 환경에 적응하기 위해 바다의 생물은 육지 생물과는 매우 다른 생리나 대사 시스템을 발전시켜 왔다. 또한 육지는 공기가 매질인데 반해 바다는 물이 매질이다. 이에 많은 해양생물은 물에서 부유 또는 유영 생활을 하거나 부착 생활을 하는 독특한 삶의 방식으로 진화되어 왔다. 또한 물이 매질이기 때문에 수많은 다른 생물과 쉽게 접촉할 수 있어 육상생물에 비해 자기보호 기능이 발달되어 있다.

바다는 육지에 비해 훨씬 많은 종과 개체수의 생명체가 서식하고 있는 풍부한 생물자원의 보고이다. 여러 먹거리, 신소재, 바이오매스 등이 해양생물에서 생산되고 있을뿐더러 아직 발견하지 못한 무궁무진의 가능성이 바다에 있다. 이렇게 중요한 의미가 있는 바다에 비해 여기에서 살고 있는 생물에 대한 연구는 전체 지구 생물 연구의 1퍼센트에도 미치지 못하고 있다. 그러므로 우리가 아직 바다 그리고 바다에 살고 있는 생물을 잘 모르고 있다고 보는 표현이 맞을 것이다.

표 1. 최고 기술국 대비 기술수준 격차 분석 결과

구분	최고 기술 보유국가	최고 기술국 대비 수준(%)	기술 격차(년)
기능성 식품산업	일본	77.3	4.5
기능성 화장품산업	유럽	76.9	4.0
의 약 산 업	미국	60.5	8.9
바이오에너지 산업	미국	66.7	7.1
화 학 산 업	미국	64.2	7.4
평 균	-	69.1	6.4

바이오와 마린 바이오

인류는 옛날부터 물고기를 비롯한 미역, 다시마 등의 다양한 바다 산물을 식량으로 이용해 왔다. 이제는 바다의 생물자원을 직접 이용하는 어업 중심 및 단순 가공제품의 시대에서 벗어나 바이오기술을 접목해 부가가치가 높은 제품을 개발하는 마린 바이오기술의 시대로 접어들고 있다.

마린 바이오자원(해양생물)에 바이오기술을 적용한 산업

마린 바이오기술이란 해양생물(동물·식물·미생물) 또는 이들에서 유래하는 생체구성 물질(소재)들과 정보를 이용해 인류에 유용한 제품이나 서비스를 제공함으로써 산업 및 인류복지 증진에 기여하는 기술이다. 좀 더 쉽게 이야기하면, 기존 바이오

기술의 대상이 상대적으로 쉽게 접근이 가능한 육상 생물자원을 중심으로 발전해 왔다면, 바다의 생물자원을 대상으로 하는 바이오기술이 마린 바이오기술이다.

바이오산업의 발전에 힘입어 마린 바이오산업도 급속히 확대될 것으로 전망된다. 마린 바이오산업은 크게 마린 바이오자원과 마린 바이오소재(신약, 의료, 화학, 식품, 화장품), 마린 바이오에너지, 마린 바이오 연구개발 서비스로 나누어 볼 수 있다. 글로벌 바이오산업 시장은 2017년 3,800억 달러(약 460조 원)에서 연평균 7.8퍼센트씩 성장해 2022년에는 5,500억 달러(약 660조 원)에 이를 것으로 전망되며, 국내 바이오산업도 2018년 이후 급성장을 거듭해 연평균 6.4퍼센트 성장해 생산 규모 10조 원을 돌파했다. 이와 비교해 마린 바이오산업은 2016년 기준 국내는 약 5,400억 원 그리고 전 세계로는 약 5조 원의 시장규모인 것으로 평가되며, 2030년에는 국외시장 규모가 80억5,000만 달러(약 9조5,000억 원) 이상에 이를 것으로 예측되고 있다. 마린 바이오산업의 국내 시장규모는 국내 바이오산업의 6퍼센트 정도인 것으로 알려져 있다. 코로나19 펜데믹 이후 헬스케어 분야에 대한 높은 수요를 고려하면, 마린 바이오산업은 가파른 성장세를 나타낼 것으로 예측된다. 참

고로 해양(마린) 바이오 사업의 경제적 파급효과는 다음과 같다.[1]

표 2. 해양 바이오 사업의 경제적 파급효과 분석결과 종합

	자기 산업 효과	타 산업 효과	총 효과
생산 유발효과	1원 당 1.0000원 4,212.2억 원	1원 당 0.6569원 2,767.0억 원	1원 당 1.6569원 6,984.1억 원
부가가치 유발효과	1원 당 0.3921원 1,652.8억 원	1원 당 0.2404원 1,013.3억 원	1원 당 0.6324원 2,665.7억 원
취업 유발효과	10억 원 당 1.8689명 787.8명	10억 원 당 4.6178명 1,946.5명	10억 원 당 6.4867명 2,734.2명

마린 바이오에서 얻을 수 있는 것

육상과는 다른 환경으로 인해 해양생물은 특이한 생체구조와 기능을 보유하도록 진화되었다. 이 때문에 신물질을 비롯한 유용 소재의 개발 가능성이 육상생물보다 매우 높다. 아직

1 『해양바이오 산업 육성전략과 자원관의 역할 수립-해양바이오 산업 진흥전략 수립』, 국립해양생물자원관(연구기관 : 한국해양과학기술원), 2016, 12쪽.

은 매우 적은 숫자의 연구가 진행되고 있지만, 실제로 육지에서 발견되지 않았던 새로운 물질들이 해양생물로부터 많이 발견돼 보고되고 있다. 이것이 우리가 마린 바이오 연구에 큰 관심을 가지는 이유일 것이다.

그렇다면 마린 바이오기술을 통해 바다에서 얻을 수 있는 것은 무엇이 있을까? 해양생물은 그들만의 독특한 특성을 지니고 있어 신약, 의료, 화학, 식품, 화장품 등에 사용할 수 있는 다양한 기능 및 특성의 소재를 얻을 수 있다. 이러한 소재를 활용한 제품으로는 청자고동의 독성물질을 이용한 진통제, 해조류인 감태의 추출물을 이용한 숙면 유도 기능성 식품, 미세조류인 스피룰리나(spirulina) 유래의 물질이 함유된 여드름 연고, 게 껍질의 키토산을 이용한 의료용 유착방지막, 지혈제 및 생분해 플라스틱, 그리고 홍합이 만들어 내는 접착 단백질을 이용한 의료 접착제 등을 들 수 있다.

구체적으로 하나의 해양생물을 예로 들어보자. 멍게(우렁쉥이, sea squirt)는 우리나라 사람들이 즐겨 먹는 대표적인 해산물이다. 멍게는 껍질이 셀룰로스(cellulose)로 돼 있다. 동물 중 유일하게 셀룰로스를 만들 수 있는 생물이 바로 멍게이다.

마린 바이오소재들의 활용 분야

따라서 동물성 셀룰로스 기반의 구조 역할을 하는 새로운 소재를 멍게에서 얻을 수 있다. 다른 구조 역할의 단백질인 콜라겐(collagen)도 있다. 뿐만 아니라, 멍게에는 다른 해양생물에는 많지 않은 미네랄인 바나듐(vanadium)이 다량으로 있다. 이는 체내의 신진대사 및 심혈관 기능을 원활하게 하는 효과가 있다. 또한 콘드로이틴황산염(chondroitin sulfate), 푸코이단(fucoidan) 같은 기능성 다당류가 있어 화장품이나 기능성 식품 원료로 활용이 가능하다. 기능성 식품에 많이 활용되는 불포화지방산인 오메가3도 들어 있다. 그 밖에 노화방지와 원기

멍게로부터 얻을 수 있는 독특한 기능 및 특성의 다양한 소재들

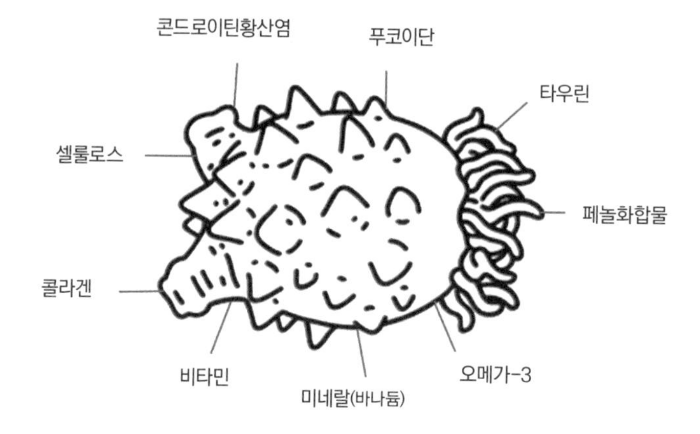

회복에 효과가 있는 타우린(taurine)이 있고 다양한 생리활성을 지니는 페놀화합물이 있다. 여러 분야에 활용할 수 있는 소재들을 멍게로부터 얻을 수 있는 것이다. 이렇게 바다에는 중요한 소재를 가지고 있는 생물자원이 무궁무진하다.

사람이 아플 때 병원에서 처방을 받고 먹게 되는 약은 어떻게 만들까? 신약을 찾아내기 위해서는 실험실에서 여러 가지 방법으로 합성한 많은 화합물 또는 다양한 생물의 추출물로부터 대상 생리활성을 가지는 물질을 탐색하는 방법이 일반적이다. 물론 기능을 가지는 물질을 찾아냈다고 하더라도 최종 신

약으로 완성되기 위해서는 평균적으로 개발 기간이 10년에서 15년, 그리고 개발비는 약 1,000억 원에서 8,000억 원이라는 막대한 자금이 필요하다. 또한 성공 확률도 1/4,000에서 1/10,000로 매우 낮다. 물론 개발이 성공된다면 부가가치는 막대하다. 그러므로 새로운 생물을 탐색하는 것은 새로운 대상물질을 찾아내 신약 개발 성공을 높이는 데 아주 중요하다. 육지생물에서 새로운 대상물질을 찾아내는 것은 한계에 도달했다는 것이 일반적인 시각이다. 육지와는 매우 다른 환경에서 살아오며 특이한 기능을 발전시킨 해양생물에서 새로운 물질이 발견될 가능성이 높다.

실제로 1990년 중반 이후 해양생물로부터 매년 1,000종에 가까운 신물질이 보고되고 있고, 보고된 해양 신물질에서 많은 물질이 독특하면서도 강력한 생리활성을 나타내 신약 개발의 전망을 밝게 하고 있다. 하지만 2019년까지 미국 FDA로부터 승인받은 의약품 1,700여 건 중 마린 바이오소재를 활용한 의약품은 7종에 불과하다. 바이오신약 분야에서 마린 바이오기술을 적용하는 것은 아직 초기 단계라 할 수 있으며, 더 활발한 연구개발이 요구되고 있다.

청자고둥(cone shell)에서 분리된 강력한 진통제인 자이코노타이드(Ziconotide, 제품명 프리알트)는 모르핀보다 1,000배 이상 강력한 것으로 알려져 있다. 자이코노타이드는 2004년 FDA 승인을 받아 2017년 2,700만 달러의 매출을 달성하였다. 또한 해면(sea sponge)이나 산호(coral)에서도 많은 신물질을 찾아내고 있다. 특히 여러 가지 항암, 항염 물질이 발견되고 있는데, 이미 임상에 들어가 있거나 통과한 물질이 지속적으로 보고되고 있다. 일본에서 개발해 2010년 FDA 승인을 획득한 검정해변 해면 기반의 항암제는 2017년 전 세계에서 3억6,000만 달러의 매출을 창출하였다.

재미있는 것은, 해면 무게의 60퍼센트를 해면에 공생하고 있는 미생물이 차지하고 있다는 사실이다. 실제로 해양생물에서 분리한 많은 새로운 물질은 공생 미생물에 의해 생성된다는 사실이 점점 밝혀지고 있다. 하지만 해면의 경우도 실험실 배양에서는 신물질을 만들지 못하는 사례가 많이 보고돼 있다. 공생 미생물만 배양하기가 쉽지 않아 신물질의 대량생산에는 여러 문제들이 쌓여 있는 것이다. 따라서 생물공학자들에 의한 배양기술 연구도 중요한 분야이다. 최근에는 청자고둥의 인슐린 단백질과 인간 인슐린을 합성한 하이브리드 형태의 인슐린을 개발하는 연구도 보고되고 있다. 인슐린은 당뇨를 치료하는 의약품이다. 더 효과가 높은 인슐린 개발에 마린 바이오기술의 접목이 시도되고 있는 것이다.

청자고동에서 찾아내 실용화에 성공한 강력 진통제

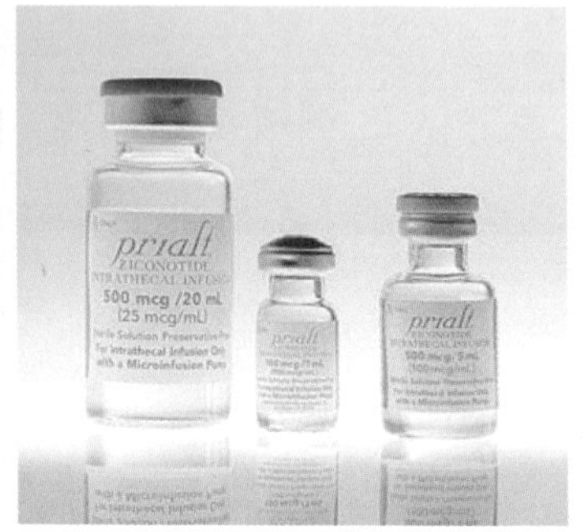

포항, 울진, 영덕 등 환동해 지역은 대게로 유명하다. 게를 삶아서 먹을 때 껍질이 많이 나오는데, 폐기물인 게 껍질에서 키토산(chitosan)이라는 중요한 소재를 얻고 있다. 게 껍질은 키틴(chitin)이라는 고분자의 물질로 이루어져 있고, 이를 탈아세틸화하면 키토산을 얻을 수 있다. 키틴·키토산은 셀룰로오스를 제외하면 지구상에서 가장 많이 존재하는 유기물질이다. 키토산은 항균, 생체적합성, 생분해성 등 의료용 소재로서 중요한 특성을 갖추고 있으며, 화장품 소재와 기능성 식품

보조재로도 널리 사용되고 있다. 우리나라의 연간 대게 생산량은 2만 톤 내외로 많은 편인데, 키틴이 풍부한 자원인 게 껍데기는 대부분 헐값에 수출되거나 폐기되고 있다. 일본은 우리나라에서 수입한 키틴으로 고부가 의료소재 및 제품을 개발해 우리나라에 역수출을 하고 있다. 우리는 키틴·키토산의 고부가 의료소재 및 제품화 기술개발에도 관심을 가져야 할 것이다.

해양미생물, 보이지 않는 바다의 권력자

미생물이란 현미경으로만 볼 수 있는 작은 생물이다. 최근에는 육안으로 볼 수 있는 거대한 미생물도 발견돼 앞으로 미생물의 정의가 바뀔 수 있다. 해양미생물이란 해양에 서식하는 미생물을 말한다. 바다의 여러 환경에 사는 것도 있고, 해양생물과 함께 사는 공생 미생물도 있다. 해양미생물의 채집 장소는 표층수, 해양 심층수, 해저토, 해양동물, 해양식물, 극지, 해저 열수구 등 매우 다양하다. 해수 혹은 해저토 1그램에 10억 개의 해양미생물이 서식하는 것으로 추정된다.

해양미생물은 호염성(halophilic), 호압성(barophilic), 저온성(psychrophilic), 고온성(thermophilic) 등 다양한 특성을 지닌다. 여러 종류의 유용한 물질이 해양미생물에서 생산되고 있으며, 앞으로 산업적으로 응용 가능한 물질이 생산될 가능성도 있다. 특히 해양방선균(marine actinomycetes)은 다양한 생리활성물질을 생산하고 있어 의약품의 신소재로 활용 가치가 높다. 바다에는 알려진 미생물보다 알려지지 않는 미생물들이 더 많이 존재하기 때문에 미생물 자원의 유용성과 산업적 가치는 더욱 커질 전망이다. 최근 여러 유전공학적 기법의 조사에서 밝혀진 것으로 "살아는 있으나 배양되지 않는 미생물들(viable but non-culturable)"이 속속 밝혀지고 있다.

바다에서 해양미생물은 다음과 같이 놀라운 역할을 하고 있다. 첫째, 생화학적 순환에 관여하고 있다. 둘째, 오염물질을 분해하는 능력이 있다. 셋째, 생산자의 역할을 담당하고 있다. 넷째, 공생자의 역할도 잘하고 있다. 다섯째, 어류의 길잡이 역할로서 발광(light-emission)하는 것도 있다. 여섯째, 생리활성물질을 생산하고, 의료 및 기능성 식품, 에너지 생산 분야의 소재가 되는 미생물도 많이 발견되고 있다.

해양미생물의 역할 및 활용 분야

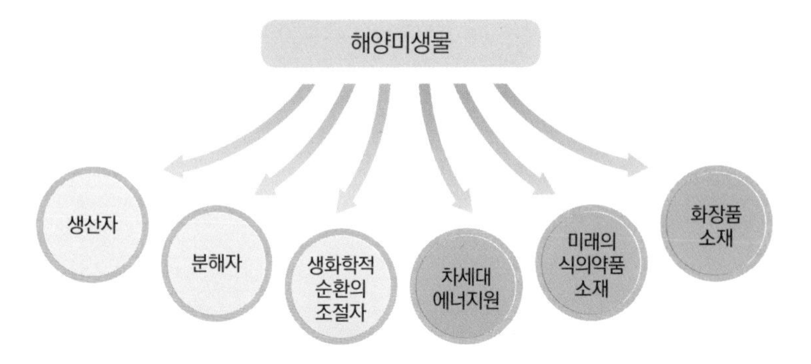

해양방선균에 의해 생산되는 대부분의 생리활성물질은 항균, 항진균, 항기생충, 항말라리아 및 항암 활성과 관련된 화합물이다. 2008년과 2012년에 해양방선균을 우리나라 해안과 해저토로부터 분리해 항균, 항진균, 항암 생리활성 연구를 함으로써 좋은 결과를 얻게 되었다. 2019년에도 항암 효과가 뛰어난 해양방선균을 바닷물에서 분리해 대량 생산법을 개발하고 있다. 제주 해안 퇴적토에서 항균 및 항생 기능이 탁월한 신종 해양미생물이 분리되었다. 독도 주변 해저토에서 분리한 해양미생물에서 항암 효과가 뛰어난 신물질을 찾아내기도 했다.

해양방선균은 많은 이차대사 산물을 생산하기 때문에 신약 개발의 중요하고 충분한 후보군이다. 하지만 스크리닝 및 분리 단계에서 한계점이 있을 수 있다. 그래서 메타게놈 분석법 뿐만 아니라 NGS(next-generation sequencing) 등 합성생물학과 함께 생물정보학, 유전체학 방법을 총동원해 신약 개발에 박차를 가해야 할 것이다.

2000년 초반, 남태평양 심해에서 수소 생산성이 높은 고세균(archaea)이 발견돼 해양 바이오수소 생산의 길이 열렸다. 독일 막스플랑크연구소에서는 해양미생물이 대규모 탄소 순환에 관여한다고 보고하였다. 열수구를 포함한 극한 환경에 서식하는 해양미생물은 황화수소를 이용해 에너지를 얻어서 이산화탄소를 고정하고 유기물을 생산해 저서생물에 전달하고 있다. 바이오에너지 분야의 좋은 연구 소재가 될 것이다.

전 세계에서 많은 연구가 진행 중인 해양바이러스 분야도 주목할 만하다. 해양 표면에서 해저로 탄소를 운반하는 해양바이러스의 역할은 해양생태계에서 매우 중요하다. 해수 1밀리리터 당 해양바이러스가 1,000만 개 정도 존재하는데, 해양생물군집의 개체수를 조절함과 동시에 물질순환에도 영향을 미친다. 많은 해양생물의 대량 폐사가 일어나고 있지만 그 원인 규명도 잘 이루어지지 않고 있다. 그래서 해양바이러스 데이터베이스 구축과 동시에 진단키트 개발에도 박차를 가해야 할 것이다. 또한 아직은 큰 주목을 받지 않고 있는 해양곰팡이(marine fungus)와 해양효모(marine yeast)도 앞으로 의약품을 위한 신소재 탐색의 대상으로 연구 범위를 넓혀가야 할 것이다. 보이지 않는 바다의 진정한 권력자인 해양미생물의 힘은 무한한 산업적 가치를 보유하고 있다. 남은 문제는 적극적인 연구개발이다.

복어독, 다양한 효능과 산업적 활용성

바다에는 어떤 독(toxin)이 있을까? 복어독, 시구아톡신, 마이토톡신, 팔리톡신, 브레브톡신, 마비성 패류독, 기억상실성 패류독, 설사성 패류독, 코노톡신, 스콤브로이드 등 우리가 상상하지 못할 만큼 많은 독이 있다.

바다의 많은 독이 단순히 다른 생물을 죽이는 독으로서만 기능할 것인가? 아니면 도리어 생명에 도움이 되는 약으로서 활용을 넓혀갈 수 있을까? 실제로 몇 가지의 독은 인간에게 도움이 되는 의약품으로 개발이 되었거나 활발한 연구가 진행되고 있다. 앞서 언급한 청자고둥에서 분리된 강력한 진통제도 바로 독인 코노톡신이다.

복어를 먹고 병원에 실려 가는 경우가 간혹 있다. 복어 독을 먹었기 때문이다. 복어는 독 때문에 문제를 일으키긴 하지만 많은 영양성분과 효능으로 인해 사람들이 즐겨 찾는다. 영양학적으로는 단백질과 나이아신(niacin), 아연, 콜라겐, 타우린, 칼슘, 마그네슘 등이 포함돼 있고, 심폐기능 강화, 동맥 및 고혈압 예방, 미용효과, 생활습관병 예방, 항산화 효과, 면역 효과, 진통 효과 등에 효능이 있다.

복어의 영양성분들(파란색 화살표)과 복어독의 산업적 응용 분야(빨간색 화살표)

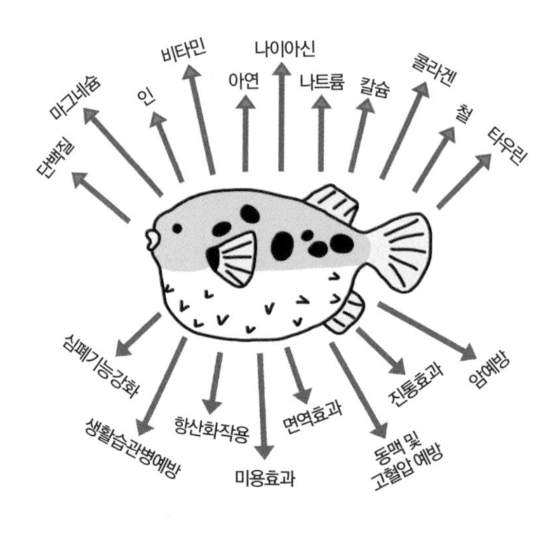

1909년 일본에서 처음으로 복어독이 분리돼 테트로도톡신(tetrodotoxin)으로 명명되었다. 이후 다른 동물에서도 테트로도톡신이 발견되었다는 보고가 있었고, 많은 연구자들이 다른 해양 및 육지생물에도 복어독 성분이 있다는 것을 밝혀냈다. 흥미로운 것은 양식 복어에는 독이 없다는 연구 결과가 나왔으며, 계절, 장소, 부위, 복어의 종류에 따라 독의 양이 다르다는 것이 보고되었다. 그래서 복어독의 실제 생산자는 누구인지에 대한 의문을 사람들이 가지기 시작했다. 복어독의 생산에 대한 수많은 연구 결과를 토대로 150여 종의 해양미생물이 복어독을 생산하는 것으로 밝혀졌다. 하지만 현재까지도 복어독을 만들어내는 해양미생물의 배양 조건을 확립하지 못했으며, 생합성 경로도 아직 밝혀내지 못하고 있다. 또한 해양미생물이 복어독을 생산하는 이유도 정확하게 알려져 있지 않다. 복어독은 외부로부터의 방어 기능을 하는 것으로 알려져 있다. 해양미생물에 의해 생산돼 식물 연쇄를 통해 상위단계로 축적됨으로써 복어와 복어독 함유 동물에 최종적으로 축적된다고 많은 연구자들이 주장하지만, 다른 주장을 하는 학자들도 있다. 해양미생물이 실제 복어독을 생산한다고 해도 독량이 적고 재현성이 그리 높은 편이 아니어서 앞으로 더 많은 연구가 필요하다.

예상되는 복어독의 축적 기작

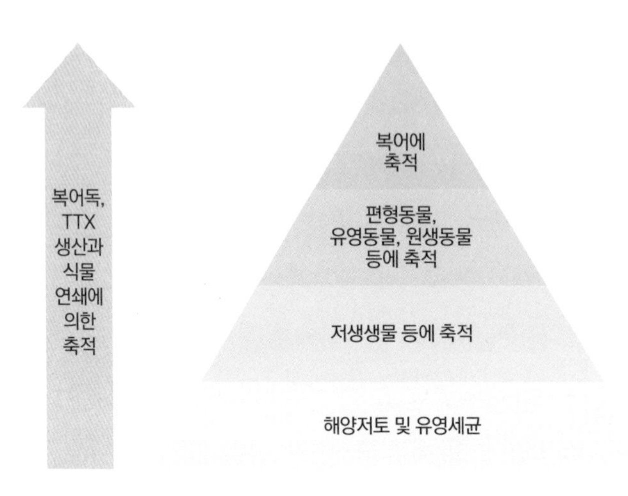

복어독은 비단백성(non-proteinaceous) 신경독으로, 끓여도 좀처럼 독성이 사라지지 않고 해독제도 없다. 체중 20그램의 쥐를 30분 이내 치사시킬 수 있는 양을 1Mouse Unit(MU)로 정하였는데, 복어의 독량은 220나노그램(ng)이다. 인간의 치사량은 1만MU이며, 10MU 이하를 무독, 1,000MU 이상을 맹독으로 구분한다. 복어 중독이란 복어독이 나트륨이온 채널에 특이적으로 결합해서 채널을 열 수 없게 함으로써 세포 외부로부터 나트륨이온의 유입을 차단해 신경마비와 근육마비가 일어나 최종적으로 죽음에 이르게 한다고 한다. 하지만 복어는 복어독에 마비되지 않는다고 하는데, 그 이유는 복어의 나트륨이온 채널의 구조가 다른 동물과 차이가 있기 때문이다. 이러한 중독의 기작에 기반해 복어독은 이온 채널의 구조와 기능을 해명하는 데 신경기능 연구용 시약으로서 폭넓게 사용되고 있다.

복어독의 산업적 응용 분야로는, 진통제, 항암제 등 신약 분야이다. 복어독은 해독제가 없기 때문에 해양미생물을 통한 생합성 경로의 규명이 밝혀지면 복어독의 대량생산을 통한 의약품 개발이 순풍을 달 것으로 기대된다. 캐나다의 한 제약회사에서는 복어독을 사용해 항암 환자에게 진통제 효능을 제고하고 신경병증성 통증을 완화하기 위한 임상 1상과 임상 2상을 마쳤으며, 임상 3상을 진행하고 있다.

해양미세조류, 차세대 바이오매스의 왕이자 '녹색의 금'

미세조류(microalgae)는 광합성을 하는 50마이크로미터 이하 크기의 식물 플랑크톤으로서 물, 빛, 이산화탄소만 있으면 여러 종류의 유용한 물질을 만들어내는 식물공장이다. 미세조류는 전 세계적으로 10만 종 이상, 우리나라에서는 약 1,300종이 존재한다. 담수에 사는 미세조류도 있고 바다에 사는 미세조류도 있다. 미세조류는 이산화탄소를 고정해 물질 생산을 한다. 그로 인해 대사과정에 의해 여러 물질로 변환해 세포 증식에 기여함과 동시에 증식한 세포 자신은 동물 플랑크톤의 먹이로 제공됨으로써 해양 생태계를 이루는 1차 생산자의 중요한 역할을 하고 있다.

해양미세조류의 유용성과 산업적 응용 분야

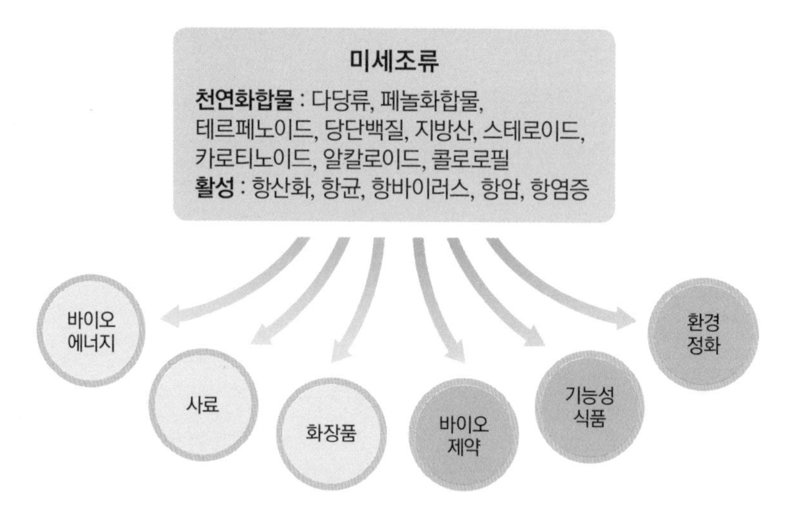

미세조류는 바이오에너지, 기능성 식품, 화장품 원료, 사료, 환경정화, 토양개량제, 바이오의약품 등 다양한 분야에서 산업적으로 활용되고 있다. 미세조류의 세계 시장 규모는 2018년 17억 달러(약 2조 원)이고, 2027년에는 27억 달러(약 3조 2,000억 원)가 될 것으로 예상된다. 특히 《네이처》에서 미세조류를 '녹색의 금(green gold)'이라고 소개할 정도로 바이오 연료원(源)으로서 가치를 평가받고 있다. 화석연료가 고갈되고 대체 에너지가 각광받는 시대에는 미세조류 기반의 바이오매스를 활용해 에너지를 얻는 것이 반드시 필요할 것이다.

미국의 여러 기업은 대학과 함께 산학연구 협업을 구축해 해양미세조류를 이용한 마린 바이오 산업화에 상당한 성과를 거두고 있다. 우리나라에서도 해양미세조류를 활용한 다양한 연구가 진행되고 있으며 의미 있는 결과도 보고되었다. 구체적인 사례로, 해양미세조류 유래의 색소 기반 고부가 소재를 활용해 기능성 식품, 기능성 화장품, 의약품 소재 등의 개발이 수행되고 있으며, 해양미세조류 유래의 근적외선(near infrared) 형광물질을 이용한 영상진단기기의 연구개발도 진행되고 있다. 황반변성(macular degeneration) 치료를 위한 지아잔틴(zeaxanthin)을 해양미세조류로부터 대량 생산하고 대량 정제하는 시스템 구축 연구도 진행 중인데, 산업화로 이어질 가능성이 높다. 또한 해양미세조류에서 '기억력 개선' 물질, 치매와 알츠하이머를 예방할 수 있는 소재를 개발해 실용화에 박차를 가하고 있다. 독도 해역에서는 오메가3가 풍부한 해양 미세조류가 분리되었다.

홍합의 변신, 의료 및 약물전달용 접착소재 개발

바다에는 돌이나 구조물에 부착해 살아가는 생물이 많다. 이러한 부착성 생물은 수중에서 작동하는 특별한 접착제를 만들어 사용한다. 홍합, 따개비, 굴 등이 부착성 생물의 대표적인 사례다. 그중 홍합은 저렴하면서 맛이 있고 영양가도 높아 많은 사람들이 좋아하는 해산물이다. 조미료의 주성분인 글루탐산이 풍부하고, 타우린, 아르기닌, 글라이신과 같은 아미노산이 많아 감칠맛이 난다. 특히 홍합은 간에 쌓인 독을 풀어주는 천연 원기회복 물질인 타우린을 많이 함유하고 있다. 또한 홍합에 들어 있는 베타인(betaine) 성분도 타우린과 함께 숙취해소 효과를 내는 주요 성분으로 알려져 있다. 그 밖에 비타민

A, 비타민B, 칼슘, 인, 철분 등도 풍부하게 들어 있어 음주로 손실된 영양을 효과적으로 보충할 수 있다.

홍합의 가치는 미각적 욕구의 충족 외에 어떤 것이 있을까? 바닷가의 배나 바위 등 표면에 붙어 있는 홍합을 손으로 떼어 내는 것은 거의 불가능하다. 그렇다면 이렇게 강한 접착력은 어디서 나오는 것일까? 바로 접착제다. 홍합이 수중에서 바위 같은 구조물에 강하게 붙을 수 있는 이유에 대해 궁금증을 가지면서 홍합의 접착 특성에 대한 연구가 1980년대부터 본격적으로 시작되었다.

일반적으로 접착 표면에서의 물은 얇은 층을 형성해 접착 물질과 대상의 직접적인 접촉을 막아 접착력을 낮추는 원인이 된다. 그럼에도 바다에서 양식한 홍합은 맨손으로 떼어지지 않아 긁어야만 채취할 수 있다. 이러한 접착력은 방호코팅 처리를 한 선박의 표면에서도 유지돼 큰 문제를 일으킬 정도이다. 홍합은 접착 표면을 가리지 않는다. 바위, 스티로폼, 배의 금속 표면 등 어디든 달라붙을 수 있다.

홍합은 자신이 접착할 표면에 발을 뻗고 그 내부의 얇은 관 안으로 기능적으로 분화된 접착 물질을 매우 높은 농도의 액체 상태로 분비한다. 접착 물질은 얇은 섬유다발로 구성된 족사(byssal thread) 가닥과 그 끝에 직접적으로 표면 접착을 수행하는 플라크(plaque)를 만들게 되고, 족사 가닥과 플라크로 이루어진 하나의 족사는 5분 안에 경화돼 강력한 표면 부착을 완료시킨다. 족사 가닥에 분비된 접착제로 약 10킬로그램의 물체를 들어 올릴 수 있으므로 홍합이 족사를 20개만 가져도 200킬로그램의 접착력을 가질 수 있다. 이 접착 물질이 단백질로 이루어졌다는 것이 발견된 뒤부터 이를 이용하려는 연구가 진행되고 있다. 족사의 부분에 따라 존재하는 단백질의 종류와 물성은 다르며 발견된 순서로 번호가 매겨져 있다.

우리 몸은 70퍼센트 정도가 물(혈액, 체액 포함)로 채워져 있어 수중 환경이라 할 수 있다. 바다의 환경은 우리의 몸속 환경과 유사하므로 바다 환경에서 작동하는 접착제는 우리 몸속에서도 작동을 잘할 것이라고 생각할 수 있다. 우리 몸속은 약하고 움직임이 잦은 장기와 조직이 많기 때문에 유연한 접착이 필수적이다. 단백질로 이루어진 홍합의 접착제는 다양한 표면에 강력하면서도 유연하게 접착하고 수분에 강하다는 장점과 생분해성 특징이 있으며 인체에 무해하기 때문에 의료용 생체 접착제로 적합한 소재이다. 하지만 홍합에서 직접 접착제를 분리하는 경우에 얻을 수 있는 양이 매우 적어 실제적인 용도 개발에 한계가 있었다. 이에 분자생명공학기술이 접목된 미생물 배양법을 이용함으로써 대량 확보가 가능한 생산기술이 개발되었고, 이를 통해 다양한 분야로 적용할 수 있는 기술 개발이 활발하게 시도되고 있다.

현재까지 우리 몸속에서 안전하게 사용할 수 있는 의료 접착제는 존재하지 않는다. 이러한 상황에서 홍합접착단백질(mussel adhesive protein)을 이용한 의료 접착제는 일차적으로 피부나 부러진 뼈의 접착, 장기 이식, 지혈 등에 활용할 수 있어서 수술용 봉합사를 대체할 수 있을 것이다. 현재 두 종류가 개발돼 있다. 하나는 수술 때 무해한 청색광을 이용해 몇 초 내에 피부조직을 결합할 수 있는 의료용 순간접착제이고, 또 하나는 체액에 노출돼 있는 환경에서 높은 조직 접착력을 요구하는 내부 장기의 접합(closure) 및 폐쇄(sealing)에 사용할 수 있는 의료용 수중 접착제이다. 이들 접착제는 기술이전을 통해 국내 한 벤처기업에서 기술사업화가 진행되고 있다. 인체에 무해하고 안정적인 조직 결합이 가능하며 상처 재생 부분에서 우수한 효과가 있는 것으로 확인되었다.

기존의 블록버스터 의약품 중에도 해당되는 경우가 있지만, 약효는 우수한데 용해도나 체내 안정성 등에 개선이 필요한 약물이 많다. 이 문제가 효율적 탑재와 전달을 통해 약효를 크게 높일 수 있는 약물 전달 기술에 대한 연구개발에 엄청난 투자와 노력을 기울이게 만들고 있다. 이러한 시점에 홍합접착단백질은 국소적 의약품(저분자 약물, 단백질, 유전자, 줄기세포, 면역세포 등)의 전달체로서도 다양한 활용이 가능하다. 항암 약물을 넣은 홍합접착단백질로 만든 나노입자를 암조직에 스프레이하면 나노입자가 암세포 안으로 들어가 암을 사멸시키는 국소적 약물 전달의 역할을 해낼 수 있다.

최근에 미래 치료기술로 각광받고 있는 줄기세포 치료법이 개발되었다. 혈관에 문제가 생겨 심근벽이 괴사되는 심근경색의 경우에 줄기세포 치료가 시도되고 있지만 심장의 압력 때문에 줄기세포를 주사하였을 때 95퍼센트 이상이 바로 없어지므로 치료 효과가 미미하다. 수중에서 와해되지 않는 홍합접착단백질 제형을 이용해 줄기세포를 전달할 경우에는 심근경색이 일어난 부위에 줄기세포를 오랫동안 잔존시킴으로써 치료 효과가 극대화될 수 있다. 이와 같이 홍합접착단백질은 메디컬·헬스케어 분야에서 다양하게 응용될 수 있을 것이라는 큰 기대를 모으고 있다.

홍합 접착 단백질의 의료용 접착제 및 혁신적 약물전달 소재 활용

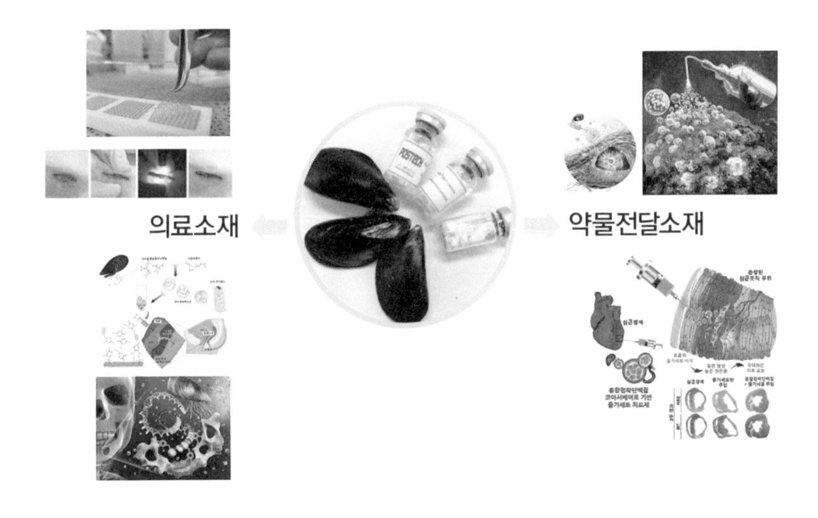

마린 바이오와 포항의 미래

미래의 산업 경쟁력은 원천소재·원천기술의 확보에 있다. 이러한 맥락에서 해양생물로부터 원천물질을 확보하고 실생활에 활용할 수 있도록 유용소재로 개발하는 마린 바이오기술의 성공 가능성은 매우 높다고 할 수 있다. 현재까지 정부 부처의 마린 바이오 분야에 대한 투자는 2,500억 원 정도이다. 정부의 지속적인 지원과 더불어 학계와 산업계가 합심해 마린

바이오 원천기술의 개발에 박차를 가한다면 미래산업으로서 경쟁력이 한층 강화될 것이다.

경쟁력 강한 신의약품 개발과 마린 바이오

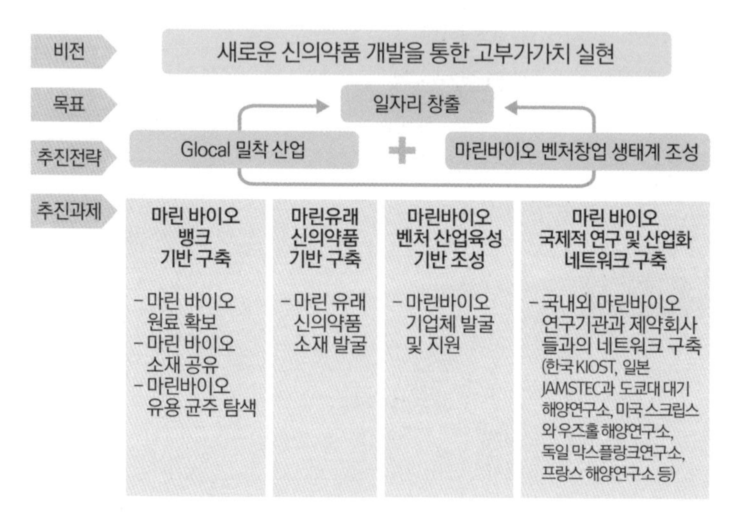

경북의 해안선은 약 300킬로미터, 평균 수심은 1,497미터, 최대 수심은 2,985미터이다. 동해는 한류와 난류가 만나는 곳으로, 수산물이 풍부하고 다양한 해양 생태계를 이루고 있으며, 해양 심층수의 취수도 가능하다. 또한 다양한 해양수산 관련 인프라가 구축돼 있어 기초연구에서부터 실용화까지 가능하다.

울진에 위치한 환동해산업연구원은 정부와 지방자치단체의 각종 정책에 능동적으로 대응해 마린 소재의 발견 및 융합기술 개발로 경쟁력을 확보한 가운데 마린 바이오기업의 창업보육, 투자유치, 일자리 창출, 기술 이전 등을 수행하고 있다. 한국해양과학기술원 동해연구소는 동해 연안에서 심해에 걸친 복합적인 해양현상 연구와 다양한 해양자원 이용연구(해저자원, 심해 생물, 해양심층수 등)를 진행하고 있다. 또한 울진에는 동해의 해양생태 자원을 중심으로 해양문화 체험과 교육 · 관광 기능을 갖춘 국립해양과학관이 있다.

영덕에 위치한 경상북도 수산자원연구원은 동해의 고부가 어패류 종자 대량 생산, 신품종 개발, 지역특화 품종의 지속적인 연구를 통한 종 보존, 수산 자원 확보 및 산업화 활용 연구를 위한 '생산기반 시설 확충을 통한 시험연구'를 담당하고 있다. 영덕에는 수산식품 가공산업의 육성과 가공업체에 기술을 지원하고 활성화하기 위한 로하스수산식품거점단지지원센터도 운영되고 있다.

울릉도에는 한국해양과학기술원 울릉도·독도 해양연구기지가 있어 울릉도·독도 주변 해역의 해양생태계 변동 감시, 해양생태계 보전, 해양수산자원의 증식·양식 및 고부가가치 해양산업 육성 등의 역할을 수행하고 있다. 포항(본소), 영덕(지소), 울릉도(지소)에 있는 경상북도 어업기술센터는 경북지역의 수산업 발전과 어업인 소득 증대를 위한 수산기술 보급에 앞장서고 있다.

포항에는 해양수산부에서 대규모 R&D 사업으로 진행했던 포스텍 해양바이오산업신소재연구단(현 바이오신소재연구소)이 있어 그동안 국지적으로만 취급하였던 마린 바이오소재 분야의 핵심 연구개발 역량을 강화하고, 신성장 동력을 창출하기 위한 원천소재 실용화 기술의 개발이 수행되고 있다.

천혜의 해양생물자원 입지 조건을 갖춘 경북의 중심도시로서 포항은 헬스케어를 포함한 바이오 분야의 경쟁력이 강하기 때문에 최근 바이오 관련 벤처들의 창업도 활발히 이루어지고 있다. 하지만 해양도시라는 이름에 걸맞지 않게 마린 바이오 분야는 아직 갈 길이 멀다. 이러한 시점에 '사이디오 시그마'가 마린 바이오 분야에 대한 비전을 밝힌 것은 우리나라 마린 바이오산업 발전을 위해 고무적이라 할 수 있다.

마린 바이오자원을 직접 사용하는 경우를 부가가치 '1'로 여기면, 이를 식품 소재로 활용는 경우에 부가가치는 10배 정도 상승하고, 기능성 식품이나 화장품 소재로 사용하는 경우는 수십에서 수백 배의 상승을 기대할 수 있다. 더 나아가 이를 신약이나 의료소재의 바이오헬스케어 분야로 제품화하는 경우에 부가가치 상승은 수십 만에서 수백 만, 수천 만 배까지도 가능하다. 따라서 부가가치가 높은 소재 분야, 특히 신약과 의료소재의 마린 바이오 헬스케어 분야에 대한 집중적인 투자와 기술개발이 중요한 시대적 과제로 대두해 있다. 여기에다 포스트 코로나 시대의 바이오 헬스케어 분야에 대한 높은 수요를 감안해보면, 육상의 동물성 바이러스보다 감염 문제에서 자유로운 해양생물을 기반으로 한 마린 바이오산업의 성장세에 대한 기대는 더 높아지게 된다.

마린 바이오산업 소재 분야에 따른 부가가치 상승도

· 마린 바이오 신약소재
· 마린 바이오 의료소재
수십만~수백만배

· 마린 바이오 기능성 식품소재
· 마린 바이오 화장품 소재
수십~수백배

· 마린 바이오 식품 소재
10

· 마린 바이오 자원
1

코로나 바이러스를 비롯해 앞으로 도래할 인간의 질병과 다제내성(multiple drug resistance) 병원균들의 빈번한 발생은 인류의 건강에 심각한 위기를 불러올 것으로 예측되고 있다. 이것은 새로이 출현할 펜데믹 질병에 효과적으로 대응할 수 있는 메디컬·헬스케어 제품의 개발이 절실히 요구된다는 것을 말해준다.

포스트 코로나 시대를 대비하는 포항의 산학연관은 신약소재(약물전달소재 포함)와 의료소재의 메디컬·헬스케어 분야에서 마린 바이오기술에 대한 획기적인 발전을 위해 다양한 노력을 기울여야 할 것이다. 정부의 지원과 더불어 대학, 연구소, 기업, 지자체 간의 긴밀한 협력 연구는 기본적인 전제조건이다. 기초와 응용, 산업화는 서로 떨어져서는 안 된다. 밀접한 협력을 통해 산업화에 성공할 수 있는 마린 바이오기술을 축적해야 한다. 무엇보다 해양동물, 해조류, 해양미세조류, 해양미생물(해양곰팡이와 해양효모 포함), 해양바이러스 등 다양한 해양생물로부터 신약과 의료소재의 메디컬·헬스케어 분야에 활용될 수 있는 유용 원천물질 탐색과 대량생산 기술을 개발하는 것이 중요하다. 신약으로서의 생리활성물질을 탐색하기 위해서는 해양미생물, 특히 해양방선균에 초점을 맞출 필요가 있다.

현재 해양미생물은 1퍼센트 정도만 알려져 있고 99퍼센트는 미지로 남아 있기 때문에 새로운 물질을 찾아낼 가능성이 매우 높다. 실제로 해양의 환경 특성에 따라 미생물의 종류도 다양할 뿐만 아니라, 이들이 가지고 있는 유전자의 특성과 기능도 다양하다. 유용 원천물질 탐색과 대량생산을 위해서는 해양생물의 확보와 함께 유전체 정보와 메타게놈 분석기술, 생물정보학과 인공지능 기반 물질탐색기술, 합성생물학, 분자생물공학, 대량배양 공정기술 등을 기반으로 하는 바이오기술이 구축돼야 한다.

표 2. 마린 바이오 연구를 위한 포항의 SWOT 분석

강점	약점
· 연구인력과 네트워크가 강하다. · 다양한 연구시설이 갖추어져 있다. · 바다가 있어서 시료 채취가 용이하다. · 경상북도와 포항시의 지원 의지가 강하다. · 울릉도, 독도 관련 마린 바이오 연구가 용이하다.	· 해양 연구선(研究船)이 없다. · 마린 바이오 벤처기업이 많지 않다.
기회	**위협**
· 향후 세계적인 마린바이오연구센터로 성장할 수 있다. · 사이버 교육의 메카가 될 수 있다.	· 타 기업에서 마린 바이오 분야에 투자하면 시장성이 약화될 수 있다.

현재 포항은 마린 바이오의 사업적 전망이나 연구개발 환경이 양호한 편이다. 약점(Weakness)보다는 강점(Strength)이 많으며, 위협(Threat) 요소보다는 기회(Opportunity) 요소가 많다. 이러한 SWOT를 간략히 정리하면 앞의 표2와 같다.

한국 바이오 산업이 '사이디오 시그마'를 통해 포항에서 마린 바이오의 성공 스토리를 만들기 위해서는 우선 마린 바이오 연구를 위한 포항의 SWOT를 면밀히 분석하고 새로운 분야에 도전할 자기 변신을 도모해야 한다. 또한 현재의 강점과 기회는 최대한 살려내고 약점과 위협은 최소화할 수 있는 장기적인 전략을 세우고 지속적인 노력을 기울여 나가야 한다. 물론 기반 기술을 보유하고 있는 대학, 마린 바이오를 정책적으로 육성하려는 관계 기관들과의 밀접한 협력을 바탕으로 독창적이고 혁신적인 모험가 정신 또는 기업가 정신을 발휘해야 한다는 것은 더 강조할 나위도 없다. 이것이 바다에서 메디컬·헬스케어 분야의 원천소재를 개발하고 그 실용화를 선도해 나갈 필수적 조건이다. '사이디오 시그마'가 마린 바이오 분야에서도 성공 신화의 주역이 되기를 기대한다.

사이디오 시그마 CYDIO CIGMA

2020년 11월 20일 초판 1쇄 펴냄

지은이 홍원기 외 | **펴낸이** 김재범
편집 최지애 정경미 | **관리** 박수연 홍희표
표지 디자인 이진구 & 한동대 디자인연구소 | **인쇄·제본** 굿에그커뮤니케이션 | **종이** 한솔PNS
펴낸곳 (주)아시아 | **출판등록** 2006년 1월 27일 | **등록번호** 제406-2006-000004호
전화 02-821-5055 | **팩스** 02-821-5057 | **이메일** bookasia@hanmail.net
주소 경기도 파주시 회동길 445(서울 사무소: 서울시 동작구 서달로 161-1 3층)
홈페이지 www.bookasia.org | **페이스북** www.facebook.com/asiapublishers

ISBN 979-11-5662-508-7 93500

*이 책 내용의 전부 또는 일부를 재사용하려면 반드시 저작권자와 아시아 양측의 동의를 받아야 합니다.
*값은 뒤표지에 표시되어 있습니다.

이 도서의 국립중앙도서관 출판예정도서목록(CIP)은 서지정보유통지원시스템 홈페이지(http://seoji.nl.go.kr)와
국가자료공동목록시스템(http://www.nl.go.kr/kolisnet)에서 이용하실 수 있습니다.(CIP제어번호 : CIP2020045651)